Jochen Gabrisch / Sage HR Solutions AG (Hrsg.)

Mitarbeitergespräche auf den Punkt gebracht

Bibliografische Information der Deutschen Nationalbibliothek
Die Deutsche Nationalbibliothek verzeichnet diese Publikation in der Deutschen Nationalbibliografie; detaillierte bibliografische Daten sind im Internet über http://dnb.d-nb.de abrufbar.

ISBN 978-3-472-08390-0

www.sage.de/hr
www.wolterskluwer.de

Herausgeber: Sage HR Solutions AG, Leipzig
Autor: Jochen Gabrisch, Frankfurt am Main
Satz: MainTypo, Frankfurt am Main
Druck: GGP Media GmbH, Pößneck

Gedruckt auf säurefreiem, alterungsbeständigem und chlorfreiem Papier.

Jochen Gabrisch / Sage HR Solutions AG (Hrsg.)

Mitarbeitergespräche auf den Punkt gebracht

Praxisratgeber für HR-Entscheider
mit den wichtigsten Gesprächsarten
von Auswahl bis Trennung

Luchterhand
eine Marke von Wolters Kluwer Deutschland

Vorwort

Mitarbeitergespräche gehören gemeinsam mit »harten« Unternehmenskennzahlen zu den wichtigsten Steuerungsinstrumenten für Führungskräfte. In der Überzeugung, dass »weiche« Steuerungselemente in Führungsbeziehungen die einflussreicheren sind, bieten wir von Sage HR Ihnen als Personalverantwortlichen und HR-Entscheidern mit diesem Buch einen kompakten Praxisratgeber für Bewerber- und Mitarbeitergespräche.

Vom Auswahlinterview bis zum Trennungsgespräch finden Sie hier nützliche Leitfäden, die es Ihnen ermöglichen, die Qualität Ihrer Gespräche mit überschaubarem Aufwand spürbar zu steigern. Neben Hintergrundinformationen zur jeweiligen Gesprächsart stehen Tipps zur Gesprächsführung, Beispielformulierungen und Fragestellungen im Fokus, die Sie eins zu eins oder in leicht abgewandelter Form verwenden können. Ergänzende Online-Inhalte und Arbeitshilfen im Internet unter www.sage.de/hr-wissen runden das Buch ab.

Als Lösungsanbieter für HR-Software unterstützen wir von Sage HR Sie insbesondere bei der Optimierung und Umsetzung der HR-Prozesse in Ihrem Unternehmen, sodass Sie sich voll und ganz auf die Führung Ihrer Mitarbeiter konzentrieren können. Schließlich sollte die optimale Vorbereitung und Durchführung der Gespräche Ihre größte Herausforderung sein – und nicht die Suche nach relevanten Informationen und deren Pflege.

Wir wünschen Ihnen eine interessante Lektüre und viel Erfolg bei Ihren Mitarbeitergesprächen!

Leipzig, im Juni 2012

Matthias Schneider, Vorstand Sage HR Solutions AG

Bestellhinweis

Wenn Sie für Ihre Führungskräfte weitere Exemplare dieses Buches benötigen, so können Sie diese über Sage HR kostenpflichtig beziehen. Senden Sie bitte eine E-Mail mit Angabe der gewünschten Menge an folgende Adresse: **hrsolutions@sage.de**

Inhalt

1 Auswahlgespräche

Viele Auswahlgespräche, gerade auch mit Spitzenkräften, werden als Plauderstunden vertan. Häufig kommt es vor, dass Interviewer die meiste Zeit selbst reden, den Bewerbern zu wenige zielgerichtete Fragen stellen oder schon nach kurzer Zeit und aufgrund unzureichender Informationen eine Entscheidung treffen. Es besteht also durchaus Optimierungspotenzial. Insbesondere, wenn man bedenkt, dass eine falsch getroffene Einstellungsentscheidung schnell 50.000 Euro und mehr kosten kann.

In diesem Kapitel geht es ganz pragmatisch darum, den Bewerbern im Auswahlgespräch sinnvolle, gut strukturierte Fragen zu stellen, um entsprechend aussagekräftige Antworten zu erhalten. Zahlreiche Anregungen und Beispielformulierungen dazu finden Sie in den folgenden kommentierten Fragenkatalogen. Los geht es mit zehn Tipps für eine gelungene Interviewführung.

Vorab noch eine Anmerkung zu den Personenbezeichnungen in diesem Buch: Sie werden aus Stil- und Platzgründen meist in der männlichen Form verwendet; es ist damit zugleich aber auch immer die weibliche Form gemeint (z. B. der Bewerber, Kandidat, Mitarbeiter – andererseits die Führungskraft).

1.1 Zehn Tipps für erfolgreiche Auswahlgespräche

So wichtig es ist, den Kandidaten die richtigen Fragen zu stellen, in punkto Gesprächsführung kommt es auch auf folgende Erfolgsfaktoren an:

1. Klar definierte Anforderungskriterien,
2. Konstruktive Grundhaltung,
3. Teilstrukturierte Interviewführung,
4. Zuhören,
5. Nachhaken,
6. Ungerichtete Beobachtungen nutzen,
7. Beurteilungsfehler vermeiden,
8. Separate Auswertung,
9. Die Position richtig vermarkten,
10. Humor.

1. Klar definierte Anforderungskriterien

Der erste Schritt einer passgenauen Mitarbeiterauswahl ist die Definition der Anforderungskriterien, also derjenigen persönlichen, fachlichen und sozialen Fähigkeiten, über die ein Kandidat verfügen muss, um in der neuen Position erfolgreich zu agieren. Die präzise Erarbeitung dieser Kriterien bildet überhaupt erst die Voraussetzung für zielgerichtete Fragen an den Bewerber und die Einordnung seiner Antworten und verbessert so die Prognosekraft des Auswahlgesprächs. Die nachfolgenden Fragen können Ihnen dabei helfen, die erforderlichen Fähigkeiten zu identifizieren:

- Welches sind die wesentlichen Ziele der zu besetzenden Position?
- Welche Kernaufgaben resultieren daraus?
- Welche persönlichen, fachlichen und sozialen Fähigkeiten sind für die erfolgreiche Bewältigung dieser Aufgaben erforderlich?
- Welches sind die wichtigsten Kernkompetenzen, über die ein Kandidat auf alle Fälle verfügen sollte (Muss-Kriterien)?
- Welche Fähigkeiten hat ein erfolgreicher Mitarbeiter in dieser oder einer vergleichbaren Position gezeigt?
- Was hat bisherige Stelleninhaber weniger erfolgreich sein lassen? Wo lagen die Defizite?

2. Konstruktive Grundhaltung

Ihre persönliche Grundhaltung im Interview hat einen starken Einfluss auf dessen Verlauf. Die folgenden konstruktiven Haltungen haben sich für Auswahlgespräche bewährt. Damit schaffen Sie eine gute Basis für ein angenehmes und produktives Gesprächsklima. Ihre Fragen, auch die kniffligen, stellen sich dann umso leichter.

Wertschätzung: Betrachten Sie den Kandidaten als Gast in Ihrem Hause und zeigen Sie ihm, dass er willkommen ist. Das Interview sollte pünktlich starten; lässt sich eine Verspätung nicht vermeiden, ist eine Entschuldigung angebracht. Weiterhin ist ein ruhiger Raum reserviert und Getränke stehen bereit. Lässt sich eine Unterbrechung des Gesprächs nicht vermeiden, wirkt es souverän, wenn Sie diese vorher ankündigen.

Offenheit: Auch wenn Sie auf Basis der schriftlichen Unterlagen oder in den ersten Minuten des Interviews schon einen Eindruck gewonnen haben, lohnt es sich, bis zur letzten Frage offen für die Antworten des Kandidaten zu bleiben. Was hat der Kandidat bei seinen einzelnen Stationen erreicht? Warum hat er sich für ein bestimmtes Unternehmen oder eine bestimmte Aufgabe entschieden? Was genau motiviert den Kandidaten?

Stärkenorientierung: Finden Sie heraus, was der Kandidat besonders gut kann, was er gerne und mit Erfolg tut. Das ist mehr wert, als wenn Sie nach dem Auswahlgespräch eine komplette Liste mit seinen Schwächen zusammenstellen könnten. Diese sollten Sie natürlich auch kennen, aber Höchstleistungen wird ein Mitarbeiter vor allem dann erzielen, wenn er gemäß seinen Stärken und Talenten eingesetzt wird.

3. Teilstrukturierte Interviewführung

Um systematisch und möglichst objektiv vorzugehen, nutzen Sie im Auswahlgespräch die Methode des teilstrukturierten Interviews. Es bietet sowohl die Vorteile des strukturierten als auch des unstrukturierten Interviews, indem Sie Elemente beider Techniken kombinieren.

Die Struktur des Auswahlgesprächs bildet der vorbereitete Gesprächsleitfaden. Damit stellen Sie sicher, dass Sie alle relevanten Aspekte und Kriterien abfragen. Bei Bedarf empfiehlt es sich, flexibel zu sein und vom Gesprächsleitfaden abzuweichen, beispielsweise wenn Sie auf eine besondere Stärke oder wichtige Erfahrung des Kandidaten treffen oder das Gespräch gerade gut fließt.

Da unstrukturierte Interviews schnell zu Plauderstunden ausarten können, sollte man Exkurse nur bei wirklich wichtigen Themen zulassen und den roten Faden danach zügig wieder aufnehmen. Eine Uhr im Blickfeld hilft dabei, den Zeitrahmen einzuhalten.

4. Zuhören

Viel Zeit wird in Auswahlgesprächen damit verbracht, das eigene Unternehmen vorzustellen, die eigenen Erfahrungen und Erfolge darzustellen oder über ein eben entdecktes gemeinsames Interesse zu plaudern. So erhält man allerdings keine Antworten auf die wesentliche Frage eines Interviews, nämlich wie gut das Profil des Kandidaten zur Vakanz passt. Deshalb gilt als Anhaltspunkt: 70 % bis 80 % der Interviewzeit spricht der Kandidat. Das sind bei einem 90-minütigen Interview mehr als 60 Minuten.

Insbesondere zu Beginn eines Interviews erlauben es dem Kandidaten komplexe, offene Fragen, eine Zeit lang frei zu sprechen. Das ermöglicht es Ihnen, dem Kandidaten intensiv zuzuhören: Worauf legt der Kandidat den Fokus? Worüber spricht er nicht – z. B. über eine bestimmte Karrierestation oder über die Gründe für sein Ausscheiden? Wo antwortet er auch auf Nachfrage ausweichend? Nutzen Sie diese Beobachtungen für weitere Fragen.

Achten Sie auch darauf, wie der Kandidat etwas sagt: zögernd, zurückhaltend, überzeugt, geradeheraus, begeistert, humorvoll? Entspricht die Art und Weise der Darstellung dem Inhalt des Gesagten?

In der Praxis hat es sich bewährt, den Prozess des Zuhörens durch detaillierte Notizen über die Ausführungen des Kandidaten zu unterstützen, denn spätestens nach dem zweiten Interview vermischen sich die Eindrücke.

5. Nachhaken

Kandidaten beantworten Fragen nicht unbedingt genau auf den Punkt. Manche weichen regelrecht aus. Ob aus Höflichkeit, Bequemlichkeit, Unsicherheit oder weil man unter Druck steht, eine Position zeitnah zu besetzen, gibt man sich mitunter mit oberflächlichen Antworten zufrieden. Und denkt nach dem Interview: »Was hat der Bewerber da eigentlich genau gesagt?« Schluss damit: Lassen Sie den Bewerber nicht vom Haken, solange Sie keine zufriedenstellende Antwort auf Ihre Frage bekommen haben. Haken Sie nach. Freundlich, aber bestimmt. Dabei helfen die folgenden Techniken.

Erläuterung: Fordern Sie detaillierte, konkrete Informationen ein und lassen Sie sich die Antwort in größerer Breite und Tiefe erläutern, beispielsweise: »Sie haben eben gesagt, Sie legen viel Wert auf Weiterbildung. Was genau machen Sie, um sich weiterzubilden? Wann haben Sie das letzte Seminar besucht? Zu welchem Thema? Auf wessen Initiative? Mit welchem Ziel?«

Klärung: Fragen Sie nach, wenn Sie etwas nicht verstanden haben oder sich nicht sicher sind, beispielsweise: »Da muss ich jetzt doch noch einmal nachfragen, das ist mir nicht ganz klar geworden: Zu welchen Teilen managen Sie Publikums- und Spezialfonds? Wo liegt Ihr Schwerpunkt?« Scheu davor, zuzugeben, dass man einen Sachverhalt vielleicht nicht ganz verstanden hat, ist hier nicht angezeigt. Für den Fall, dass der Kandidat dieselbe Frage schon erläutert haben sollte, ist es eine gute Gelegenheit, seine Geduld und kommunikative Kompetenz auf die Probe zu stellen.

Konfrontation: Weisen Sie den Kandidaten auf Widersprüche oder Unstimmigkeiten in seinen Ausführungen hin und lassen Sie sich diese erläutern, beispielsweise: »Da will ich noch mal nachhaken, vielleicht habe ich das eben missverstanden: Sie haben gesagt, Leistungsorientierung sei Ihnen sehr wichtig. Sie sind aber auch der Meinung, Ihr Bonus sollte bei nur 10 % liegen. Wie passt das zusammen?«

Sprechpausen: Auch gut platzierte Sprechpausen, ein kurzes »Und ...?« oder ein bedeutungsvoller Blick sind gut dazu geeignet, den Kandidaten zu weiteren Ausführungen zu veranlassen.

6. Ungerichtete Beobachtungen nutzen

Sogenannte ungerichtete Beobachtungen zum persönlichen Auftreten und Verhalten des Kandidaten während des Auswahlgesprächs bieten Ihnen eine zusätzliche Beurteilungsgrundlage. Achten Sie beispielsweise auf folgende Aspekte:

- Ist der Kandidat dem Anlass und der Position entsprechend gekleidet?
- Wie selbstsicher und souverän wirkt der Kandidat in seinem Auftreten?
- Wie ist der Händedruck des Kandidaten?
- Wie viel Raum nimmt der Kandidat ein?
- Wie sitzt Ihnen der Kandidat gegenüber?
- Hält der Kandidat Blickkontakt mit Ihnen?
- Erscheinen Ihnen Gestik, Mimik und Stimmlage kongruent mit den inhaltlichen Ausführungen des Kandidaten oder zeigen sich hier Widersprüche?
- Sind die Ausführungen des Kandidaten klar, prägnant und plausibel?

- Greift der Kandidat unvorhergesehene Situationen im Interview spontan auf und baut diese ins Gespräch ein?
- An welchen Punkten im Gespräch ist beim Kandidaten Engagement oder Begeisterung zu erkennen? Wo kommt Leben ins Interview?

Achten Sie auf Ihren persönlichen Eindruck: Welche Reaktionen löst der Kandidat bei Ihnen aus? Gehen Sie diesen nach und versuchen Sie, diese an konkreten Beobachtungen festzumachen. Nehmen Sie Ihren persönlichen Eindruck auch als Anhaltspunkt für gezielte Fragen. So bekommt ein anfangs vielleicht eher diffuses Gefühl inhaltliche Substanz.

7. Beurteilungsfehler vermeiden

Viele Interviewer nehmen die erste, unter Umständen vorschnelle Beurteilung eines Kandidaten – ob bewusst oder unbewusst – oft schon nach wenigen Minuten und aufgrund von bruchstückhaften Indizien vor. Um dem entgegenzuwirken, achten Sie auf folgende Fehlerquellen:

Halo- und Horn-Effekt: Ein einziges Merkmal des Kandidaten, beispielsweise ein schlechter Studienabschluss oder eine große rhetorische Begabung, überstrahlt die übrige Person und führt so zu falschen Schlussfolgerungen. Das betrifft sowohl positive Merkmale (Halo) als auch negative Merkmale (Horn).

Reihenfolgen: Die Reihenfolge der Kandidaten im Auswahlverfahren hat einen Einfluss darauf, wie Sie einzelne Kandidaten bewerten. Sehen Sie beispielsweise einen mittelmäßigen Kandidaten nach zwei oder drei unpassenden Kandidaten, wird er in Ihrem Urteil besser abschneiden, als wenn Sie ihn in einer Reihe von exzellenten Kandidaten kennenlernen.

Stereotype und Vorurteile: Sie haben ein stereotypes Wunschbild des idealen Kandidaten im Kopf, beispielsweise: männlich, Young Professional, BWL-Studium in Mannheim, Trainee-Programm bei einem Blue Chip, zügige Progression durch die Hierarchien, selbstbewusst und sportlich. Sicher kein schlechtes Profil; doch passt es wirklich zu Ihrer vakanten Position und den damit verbundenen Anforderungen?

Sich selbst erfüllende Prophezeiungen: Sie haben sich bereits auf Grundlage der schriftlichen Unterlagen oder eines Telefoninterviews ein eindeutiges Bild vom Kandidaten gemacht und sind sicher, dass er der Richtige für die vakante Position ist. Eine solche sich selbst erfüllende Prophezeiung kann dazu führen, dass Sie im Auswahlgespräch nicht mehr ganz so genau hinschauen.

Ähnlichkeiten: Der Vergleich Ihrer eigenen Karriere mit der des Kandidaten führt zu einer positiven oder negativen Beurteilung, die wenig über die tatsächliche Eignung des Kandidaten aussagt. Beispielsweise hat der Kandidat an derselben Hochschule wie Sie studiert oder er hat seine Karriere bei einem Unternehmen begonnen, das bei Ihnen einen besonders guten Ruf genießt.

Stimmungen: Ihre aktuelle Tagesform wirkt sich auf die Beurteilung von Kandidaten aus. Das kann sogar so weit gehen, dass das Wetter Ihre Bewertungstendenzen beeinflusst. Es ist deshalb hilfreich, sich die eigene Stimmung vor dem Interview zu vergegenwärtigen.

8. Separate Auswertung

Die Qualität eines Auswahlgesprächs wird noch einmal deutlich gesteigert, wenn Sie die Beobachtungen im Interview von der eigentlichen Bewertung trennen und Letztere im Nachgang separat vornehmen. Sei es alleine oder in Form einer strukturierten Besprechung mit allen Beteiligten. Für diesen Schritt lohnt es sich durchaus, 20 bis 30 Minuten zusätzlich einzuplanen. Dank der separaten Auswertung können Sie sich im Interview selbst ausschließlich auf das Fragen und Zuhören konzentrieren und als »Informationsstaubsauger« fungieren, ohne sich schon Gedanken über die Beurteilung machen zu müssen. Diese erfolgt anhand der Anforderungskriterien im Rückblick und unter Zuhilfenahme der Gesprächsnotizen.

Es hat sich bewährt, für die Bewertung eines Kandidaten einen separaten Bewertungsbogen zu verwenden, in dem Sie die einzelnen Anforderungskriterien mit Ihren qualitativen Beobachtungen Schritt für Schritt abgleichen und quantitativ bewerten. In diesen Bogen fließen auch Ihre ungerichteten Beobachtungen ein. Bei mehreren Kandidaten für eine Position ist es hilfreich, deren quantitative Ergebnisse zwecks besserer Vergleichbarkeit aus dem Bewertungsbogen in eine Auswertungsmatrix zu übertragen.

9. Die Position richtig vermarkten

Insbesondere hoch qualifizierte Kandidaten haben im »War for Talents« die Wahl, für welches Unternehmen sie arbeiten, und wollen entsprechend überzeugt werden. Das heißt für Sie, in einem professionell geführten, anspruchsvollen Interview klar herauszustellen, was Ihr Unternehmen dem zukünftigen Mitarbeiter zu bieten hat. Folgende Fragen zur Gesprächsvorbereitung unterstützen Sie dabei, die Position richtig zu vermarkten:

- Durch welche Eigenschaften und Besonderheiten zeichnet sich Ihr Unternehmen aus? In welchen Bereichen heben Sie sich positiv von anderen Arbeitgebern ab?
- Wie würden Sie Ihre Unternehmenskultur beschreiben? Wodurch zeichnet sich diese aus?
- Was macht die zu besetzende Position besonders attraktiv?
- Welche Karriere- und Weiterbildungsmöglichkeiten bieten Sie?
- Welche Vergütungsleistungen bieten Sie über das Grundgehalt hinaus (z. B. Bonus, Nebenleistungen und Mitarbeiterbeteiligungsprogramme)?
- Wo können Sie mit Arbeitsbedingungen punkten (z. B. flexible Arbeitszeiten, Home Office)?
- Wie lassen sich vermeintliche Nachteile (z. B. ländlicher Standort) in Vorteile ummünzen (z. B. günstige Immobilienpreise)?

Wie bei allen Marketingaktivitäten gilt auch im Auswahlgespräch: Bleiben Sie realistisch und versprechen Sie nur, was Sie auch halten können. Sonst haben Sie spätestens nach ein bis zwei Monaten einen enttäuschten Mitarbeiter in Ihren Reihen – oder eben auch schon nicht mehr.

10. Humor

Würzen Sie das Auswahlgespräch, wenn angebracht und möglich, mit einer Prise Humor. Das lässt sich schlecht verordnen – mitunter hilft allerdings schon die Einstellung, dass Interviews nicht bierernst geführt werden müssen, um erfolgreich zu sein.

Humor kann eine Situation entschärfen, eröffnet neue Wege und Einsichten. Und Humor sagt einiges über die intellektuellen Fähigkeiten des Kandidaten aus, beispielsweise über sein Analyse- und Abstraktionsvermögen. Und auch darüber, wie wichtig er sich selbst nimmt.

Achten Sie darauf, ob und wie der Kandidat Humor einsetzt oder wie er auf eine humorvolle Bemerkung Ihrerseits reagiert: Spielt er den Ball zurück, ins Aus oder lässt er ihn fallen?

1.2 Fragetechniken für Auswahlgespräche

Ein gut geführtes Auswahlgespräch lebt von guten Fragen. Gut heißt dabei: im Dialog möglichst präzise die gewünschten Informationen zu ermitteln, und das mit einer gewissen Abwechslung auch für den Kandidaten. Dabei sind folgende Fragetechniken hilfreich.

Situative Fragen

Die »Brot-und-Butter-Fragen«: Egal, über welches Thema Sie gerade mit dem Kandidaten sprechen, situative Fragen, die eine konkrete Situation in der Vergangenheit des Kandidaten fokussieren, helfen Ihnen, recht schnell des Pudels Kern zu erkennen. Ziel ist es, den Kandidaten über sein Verhalten in bereits erlebten Situationen zu befragen, um daraus Rückschlüsse auf seine Eignung zu ziehen. Dazu bietet sich folgendes Schema an:

Situation: Was waren die Ausgangssituation und Ihre Aufgabe?
Verhalten: Wie haben Sie sich in dieser konkreten Situation verhalten? Wie haben Sie reagiert?
Ergebnis: Welches Ergebnis, welche Lösung haben Sie erzielt?

Offene und geschlossene Fragen

Die beiden Klassiker. Wollen Sie in einem Gespräch möglichst viele Informationen über einen Kandidaten gewinnen, nutzen Sie die offenen W-Fragen (wer, was, wann, wie, weshalb, warum):

- Was macht unser Unternehmen besonders attraktiv für Sie?
- Wie sind Sie bei dieser Aufgabe vorgegangen?
- Weshalb haben Sie damals die Stelle gewechselt?

Wollen Sie (abschließende) Klarheit gewinnen, setzen Sie geschlossene Fragen ein, die bei der Antwort nur wenig Spielraum lassen:

- Ist unser Angebot für Sie attraktiv?
- Arbeiten Sie in der Entwicklungsphase lieber alleine oder im Team?

Skalen und Reihenfolgen

Skalen und Reihenfolgen eignen sich bestens, um die Dinge auf den Punkt zu bringen. Ebenso bieten sie einen prima Einstieg in einen neuen Themenkomplex:

- Auf einer Skala von 1 bis 10, wie gut schätzen Sie Ihre Leistung in Ihrer vorherigen Position ein?

- Auf einer Skala, die von »planend« bis »situativ agierend« reicht, wo sehen Sie sich selbst?
- Wenn Sie Ihre bisherigen Positionen nicht zeitlich, sondern danach sortieren, wo Sie Ihre Stärken am besten einbringen konnten, welche Reihenfolge ergibt sich?

Unterschiede

Lassen Sie die Kandidaten Vergleiche anstellen und achten Sie genau darauf, was den Unterschied in den Antworten ausmacht:

- Inwiefern wird die neue Position besser sein als Ihre aktuelle Position?
- Wie groß ist der Unterschied zwischen dem Anteil strategischer Arbeit in Ihrer jetzigen Position und Ihrer Idealvorstellung?
- Was macht aus Ihrer Sicht den Unterschied zwischen einer guten und einer exzellenten Führungskraft aus?
- Inwiefern beurteilen Sie die Position jetzt anders als vor unserem Gespräch?
- Was würden Sie beim nächsten Mal anders machen?

Hypothetische Fragen

Das ist die Verleitung zum Träumen. Die Realität wird kurzfristig ausgeblendet und der Kandidat befindet sich gedanklich in einer hypothetischen Situation. Dieser Fragetyp sollte nur sehr gezielt eingesetzt werden, weil er leicht aufs Glatteis und zum Abschweifen führen kann.

- Wenn Sie Ihre Wunschposition selbst kreieren könnten, wie sähe diese aus?
- Inwiefern würde sich Ihre Situation ändern, wenn dieser Punkt ausgeräumt wäre?
- Angenommen, Sie bekämen jetzt ein alternatives Angebot in Ihrer aktuellen Branche. Wäre unser Angebot dann nach wie vor attraktiv für Sie?

Selbsteinschätzung

Fragen, bei denen sich der Kandidat selbst bewerten muss, sind ein guter Ansatzpunkt, um seine Selbstkenntnis und sein Selbstbewusstsein einzuschätzen.

- Wie bewerten Sie Ihre Expertise in diesem Bereich?
- Wo sehen Sie Ihre besonderen Qualitäten als Führungskraft?
- Was war Ihr größter Erfolg?

Fremdeinschätzung

Führen Sie eine Außenperspektive ins Gespräch ein, indem Sie den Kandidaten nach der Meinung eines nicht anwesenden Dritten fragen.

- Wie würde Ihr Chef Ihr Engagement beurteilen?
- Woran merken Ihre Kollegen, dass Sie einen schlechten Tag haben?
- Was würde mir ein guter Freund von Ihnen über Ihre besonderen Stärken sagen?

Eigene Eindrücke spiegeln

Schildern Sie dem Kandidaten den Eindruck, den Sie bisher von ihm gewonnen haben und fordern Sie ihn zur Stellungnahme auf. Insbesondere wenn Sie Vermutungen validieren oder Widerspruch provozieren wollen, eignet sich diese Vorgehensweise, die über ihre Direktheit auch mehr Dynamik ins Gespräch bringt.

- Ich habe den Eindruck gewonnen, dass Sie mitunter recht hart durchgreifen können, wenn es nottut. Habe ich recht?
- Wenn ich das richtig beobachtet habe, zeigen Sie die größte Begeisterung bei strategischen Fragestellungen. Kann man das so sagen?
- Ich habe da jetzt schon eine ganze Weile so einen Gedanken im Hinterkopf: Kann es sein, dass es außer der Rationalisierungswelle noch einen anderen Grund dafür gibt, dass Sie sich aktuell verändern wollen?

Aufforderungen

Keine Fragen im eigentlichen Sinn, sind Aufforderungen dennoch ein probates Mittel, um Kandidaten zum Sprechen zu bringen. Wichtiger noch als bei den Fragen ist bei Aufforderungen der Tonfall. Achten Sie darauf, dass sie nicht wie Befehle klingen. Hier einige Formulierungen, die Sie immer wieder einmal ins Auswahlgespräch einbauen können:

- Bitte geben Sie uns dafür ein konkretes Beispiel.
- Könnten Sie uns das noch etwas ausführlicher erläutern?
- Darüber würden wir gern mehr erfahren.
- Das klingt ja interessant, bitte erzählen Sie uns mehr darüber.

1.3 Gesprächsleitfaden

Dieser Gesprächsleitfaden gibt Ihnen einen strukturierten Überblick über die relevanten Phasen und Themenbereiche von Auswahlgesprächen:

- Einstieg ins Interview,
- Erzielte Erfolge,
- Fachliche Expertise,
- Führungsleistung,
- Karriereverlauf und Wechselmotivation,
- Der Kandidat als Kollege und Mitarbeiter,
- Gesprächsabschluss.

In den nächsten Kapiteln finden Sie zu jedem Themenbereich einen kommentieren Fragenkatalog mit folgenden Elementen:

Ausgangsfragen: Ausgangsfragen sind im Buch grau hinterlegt. Sie bilden den Einstieg in den jeweiligen Themenbereich des Auswahlgesprächs und sind mit Absicht recht offen formuliert. Manche Fragen erscheinen auf den ersten Blick vielleicht zu einfach. Doch dieser Eindruck täuscht. In der Recruiting-Praxis ist diese Art von Fragen nämlich gut dazu geeignet, den Kandidaten zunächst einmal ungestützt zum Reden zu veranlassen, ohne dass er durch Ihre Vorgaben gelenkt würde.

Hintergrund: Hier erfahren Sie, warum die betreffende Frage Bewerbern im Auswahlgespräch gestellt wird und was Interviewer damit erreichen können.

Anschlussfragen: Hier finden Sie im Wesentlichen Fragestellungen, die Ihnen helfen, tiefer in die Thematik einzusteigen und sich ein genaueres Bild von den Kandidaten zu machen, indem Sie deren bisherige Ausführungen aufgreifen und konkretisieren. Oft wird es mit den Anschlussfragen im Auswahlgespräch erst richtig interessant. Rechnen Sie damit, dass Kandidaten bei der Beantwortung der anspruchsvollen Fragen ins Schleudern geraten können. Haken Sie in diesem Fall nach, indem Sie die betreffende Frage etwas anders formulieren oder sich vorerst auf Teilaspekte beschränken (was in der Bewertung des Kandidaten natürlich zu Punktabzug führen kann).

1.4 Einstieg ins Interview

Der Einstieg ins Interview ist die entscheidende Phase für das Gelingen des Auswahlgesprächs. Hier legen Sie die atmosphärische Basis, etablieren die persönliche Beziehung zum Kandidaten und beeinflussen so den Grad der Offenheit, mit der Ihnen der Kandidat begegnet.

Durch die Antworten auf die folgenden Einstiegsfragen erhalten Sie vielfältige Informationen über den Kandidaten. Die Fragen sind so ausgelegt, dass der Kandidat etwas ausführlicher von sich erzählen kann. Hier hat er die Gelegenheit, sich zu Beginn ins rechte Licht zu rücken.

> Angenommen, wir hätten Ihren Lebenslauf noch nicht gelesen, hätten also noch gar kein Bild von Ihnen: Schildern Sie uns doch bitte die wesentlichen Stationen Ihrer Karriere und besonders das Wieso und Warum der einzelnen Schritte, also den roten Faden. Und spannend ist für uns natürlich auch: Was waren jeweils Ihre wichtigsten Erfolge und wie führt das jetzt zu Ihrer Bewerbung bei uns?

Hintergrund

Mit dieser Frage erhält der Kandidat die Möglichkeit, sich auf seinem Terrain warmzulaufen. Er validiert seinen Lebenslauf und setzt eigene Akzente. Auf diese Weise gewinnen Sie einen möglichst authentischen Eindruck von der Karriere und dem Selbstbild des Kandidaten, ohne dass Sie durch detaillierte Fragen Informationen preisgeben, welche die Antworten des Kandidaten beeinflussen könnten. Die Frage (eigentlich ja mehrere Fragen in einer) kommt recht unschuldig daher, ist allerdings bei näherer Betrachtung eher komplex und erfordert entsprechende Kompetenzen in den Bereichen Kommunikation und Interaktion sowie Analyse und Struktur.

Anschlussfragen

Die Richtung der weiteren Exploration hängt bei dieser Ausgangsfrage sehr von den individuellen Antworten der Kandidaten ab. Hier einige generische Fragen, die an das Gesagte anknüpfen:

- Danke für den Überblick über Ihre Karriere. Was uns allerdings noch nicht so ganz klar geworden ist: Wo genau lagen denn bei den einzelnen Positionen Ihre Erfolge?

- Was hat jeweils den Reiz der neuen Position für Sie ausgemacht? Warum haben Sie sich jeweils dafür entschieden?
- Welche Erfahrungen waren entscheidend bei Ihrem Wechsel zu mehr Führungsverantwortung?

Was uns zu Beginn am meisten interessiert: Warum haben Sie sich dazu entschlossen, sich jetzt auf diese Position bei uns zu bewerben und dieses Gespräch wahrzunehmen? Und warum, das geht ja mit der ersten Frage einher, meinen Sie, der Richtige zu sein?

Hintergrund

Dies ist die logischste Frage überhaupt zu Beginn eines Interviews: Warum sitzt Ihnen der Kandidat gegenüber? Und weshalb glaubt er, dass er realistische Chancen hat, ausgewählt zu werden?

Ähnlich wie die vorherige Ausgangsfrage ist diese Frage in der Beantwortung komplexer, als sie erscheint, da der Kandidat verschiedenen Aspekten gleichzeitig Rechnung tragen muss. Implizit wird er hier auch nach den eigenen Stärken, seiner Wechselmotivation und seinem Verständnis der Position gefragt. Und Sie als Interviewer erfahren indirekt auch etwas über die kognitiven Fähigkeiten des Kandidaten.

Anschlussfragen

- Sie haben Flexibilität als eine Ihrer Stärken genannt, die Sie besonders für diese Position qualifiziert. Können Sie uns eine konkrete berufliche Situation nennen, in der Ihnen diese Fähigkeit besonders hilfreich war? Und wie sind Sie da genau vorgegangen?
- Was mir noch nicht so ganz klar ist: Was reizt Sie speziell an unserem Unternehmen?
- Welche Gründe gibt es denn für Ihren Wechselwunsch, die in Ihrer aktuellen Position zu suchen sind?
- Die Stärken, die Sie genannt haben, passen wirklich gut zur Position. In welchen Bereichen sehen Sie denn bei sich noch Entwicklungsbedarf?

> So wie wir Sie bisher kennengelernt haben, haben Sie ja eine erfolgreiche Karriere vorzuweisen. Was sind aus Ihrer Sicht die wesentlichen Zutaten für diesen Erfolg?

Hintergrund

Der Kandidat ist bei dieser Frage nach den eigenen Stärken in sicherem Fahrwasser. Besonders punkten kann er, indem er nicht nur abstrakt seine Stärken aufzählt, sondern diese gleich mit seinem beruflichen Erfolg in Verbindung bringt, also indirekt auch mit der Position, um die es aktuell geht.

Anschlussfragen

Diese Frage ist das ideale Trittbrett für Vertiefungsfragen. Sie werden mitunter eine ganze Reihe von Plattitüden zu hören bekommen, die ausgefüllt werden wollen:

- In welcher Situation konnten Sie Ihre strategische Kompetenz erfolgreich unter Beweis stellen? Nennen Sie uns doch bitte ein konkretes Beispiel.
- Zu welchen dieser Stärken bekommen Sie häufiger positives Feedback?
- Was haben Sie in letzter Zeit unternommen, um diese Stärken auszubauen?
- Welche Stationen sind Ihnen nicht so leichtgefallen? Was haben Sie daraus gelernt?

> Vor dem Hintergrund Ihrer Bewerbung für die vakante Position, was sollten wir über Sie wissen?

Hintergrund

Der Freibrief für den Kandidaten, Ihnen alles zu erzählen, was für die aktuelle Position relevant ist. Und genau darin liegt der Charme der Frage für Sie als Interviewer: Sind die Antworten des Bewerbers tatsächlich relevant für die aktuelle Position? Und wo setzt der Kandidat Akzente?

Die Frage ist sehr allgemein gehalten und erfordert eine gewisse Strukturierung der Antwort. Hier trennt sich intellektuell die Spreu vom Weizen. Und auch die Ernsthaftigkeit der Bewerbung spiegelt sich hier wider, denn unvorbereitet lässt sich diese Frage nur schwer auf den Punkt bringen.

Anschlussfragen

- Sie haben erwähnt, dass Sie über weitreichende Kontakte in der Industrie verfügen. Wie schätzen Sie die Wahrscheinlichkeit ein, diese Kontakte kurzfristig für Neugeschäft in unserem Unternehmen zu aktivieren?
- Sie haben eben betont, dass Sie sich schnell in neue Sachverhalte einarbeiten können. Geben Sie uns doch bitte ein Beispiel dafür.
- Sie haben Ihre Erfahrung in unserer Branche erwähnt. Wie schätzen Sie die Marktentwicklung in den kommenden ein bis zwei Jahren ein?

1.5 Erzielte Erfolge

Die bisherige Erfolgs- und Leistungsbilanz des Kandidaten ist ein guter Anhaltspunkt für künftige Erfolge und Leistungen. Und: Erzielte Erfolge bilden eine wesentliche Grundlage für die Zufriedenheit mit der eigenen Karriere. Was hat der Kandidat also bisher richtig gut gemacht? Wofür hat er sich mit seiner gesamten Kraft eingesetzt, auch gegen Widerstände? Wie weit ist er in seinem Einsatz gegangen? Was hat den Kandidaten motiviert, Leistung zu erbringen?

Nutzen Sie in diesem Themenbereich besonders die Technik des situativen Fragens: Wie war die Situation, von der der Kandidat berichtet? Was genau hat der Kandidat getan? Mit welchem Ergebnis?

> Wenn Sie Ihr Verständnis von Erfolg zugrunde legen, wie erfolgreich sind Sie auf einer Skala von 1 bis 10?

Hintergrund

Erfolg ist ein zentrales Element jedes Unternehmenskonzepts. Deshalb sollte eigentlich jede Fach- und Führungskraft hierzu eine klare Vorstellung im Kopf haben. Die Selbsteinschätzung des Kandidaten bietet Ihnen eine gute Ausgangsbasis, um sein Erfolgskonzept und dessen Umsetzung im Detail situativ zu hinterfragen.

Anschlussfragen

- Wie definieren Sie Erfolg?
- Anhand welcher Kriterien beurteilen Sie den Erfolg Ihrer Arbeit?
- Was war Ihrem Erfolg förderlich, was hat ihn eher erschwert?
- Wie zufrieden sind Sie mit dem Erreichten?
- Wie erfolgreich schätzen Sie Ihr aktuelles Unternehmen ein?

> Wenn Sie einmal die letzten ein bis zwei Jahre Revue passieren lassen, auf welche Erfolge sind Sie stolz?

Hintergrund

Die Frage nach den eigenen Erfolgen und Leistungen in einer etwas anderen Verpackung. Mit einiger Gewissheit kann man davon ausgehen, dass der Kandidat vor allem die Bereiche ansprechen wird, in denen seine Stärken liegen. Der Aspekt »Stolz« kann implizieren, dass die genannte Leistung für den Kandidaten eine neue Erfahrung darstellt, er damit seinen Wohlfühlbereich erweitert und neues Terrain betreten hat. So gesehen, erhalten Sie auch Anhaltspunkte für die Lernfähigkeit des Kandidaten und seine Freude an Herausforderungen. Und als Zugabe bekommen Sie zumindest ausschnittsweise ein Tätigkeitsprofil der aktuellen Position des Kandidaten.

Anschlussfragen

- Was hat Sie bei dieser Aufgabe erfolgreich sein lassen?
- Welche waren die wesentlichen Fähigkeiten und Talente, die Sie eingesetzt haben?
- Welches Feedback haben Sie zu dieser Aufgabe von anderen bekommen? Waren Sie mit diesem Feedback zufrieden?
- Wenn Sie einmal Ihre gesamte Karriere betrachten, was war der bisher größte Erfolg für Sie?

> Welche drei Eigenschaften, Kenntnisse oder Fähigkeiten haben Ihnen bisher am meisten dabei geholfen, erfolgreich zu sein?

Hintergrund

Die eigenen Stärken zu kennen, ist eine wesentliche Voraussetzung dafür, sie richtig einzusetzen und damit erfolgreich zu sein. Durch die erzwungene Reduktion in dieser Frage erhalten Sie ein pointiertes Stärkenprofil des Kandidaten, das sich durch entsprechende Anschlussfragen im weiteren Gesprächsverlauf präzisieren und erweitern lässt.

Anschlussfragen

- Wann und wodurch haben Sie zum ersten Mal gemerkt, dass Ihre Stärken gerade in diesen Bereichen liegen?
- Was haben Sie getan, um diese Stärken besonders zu entwickeln?
- Gibt es mitunter Momente, in denen Ihre Stärken ein wenig über die Stränge schlagen, also übermäßig ausgeprägt sind?
- Welche Stärke, die Sie aktuell nicht an sich feststellen, hätten Sie gerne?
- Um einmal die andere Seite der Medaille zu betrachten, welche Eigenschaft steht Ihnen bei der Zielerreichung bisweilen im Weg?

Über welche Anerkennung haben Sie sich in letzter Zeit besonders gefreut?

Hintergrund

Gute und erst recht herausragende Leistungen lösen in der Regel positives Feedback aus. Durch die Hintertür ist dies also die Frage nach den Stärken und Erfolgen des Kandidaten, verknüpft mit einer zusätzlichen sozialen Validierung. In diesem Kontext wird bewusst der Begriff »Anerkennung« verwendet, im Gegensatz zu »Lob«, das eher eine hierarchische Beziehung voraussetzt.

Anschlussfragen

- Warum haben Sie sich in der geschilderten Situation besonders ins Zeug gelegt?
- Auf einer Skala von 1 bis 10, wie wichtig ist es Ihnen, dass Sie regelmäßig Anerkennung bekommen?
- Welche Art von Anerkennung ist Ihnen am liebsten?
- Für welche Leistungen hätten Sie mehr Anerkennung erwartet?

Für welche Ergebnisse bei Ihrem aktuellen Arbeitgeber zeichnen Sie verantwortlich?

Hintergrund

Die ultimative Frage in Bezug auf die Arbeitsergebnisse des Kandidaten: Was genau hat er in seiner jetzigen Position erreicht? Damit machen Sie deutlich, dass Sie Ihren Blick auf Ergebnisse richten statt auf Tätigkeiten.

Anschlussfragen

- Welcher messbare Erfolg resultierte aus Ihrer Arbeit?
- Welche Schwierigkeiten mussten Sie dabei überwinden?
- Welche Risiken sind Sie eingegangen, um das Ergebnis zu erreichen?
- In welchem Umfang haben Sie mit anderen kooperiert, um dieses Ergebnis zu erreichen?
- Wie tragen diese Ergebnisse zur Erreichung der Unternehmensziele bei?

Welche Misserfolge waren für Sie von entscheidender Bedeutung?

Hintergrund

Sofern Misserfolg nicht in Serie auftritt, kann er ein Indikator dafür sein, dass der Kandidat eine Herausforderung angenommen hat. Sich sogenannte »stretch goals« zu setzen, ist zwar kein Qualitätsmerkmal per se, lässt aber auf eine leistungsorientierte Grundeinstellung schließen. Zudem bringen Fehler immer auch eine Lernchance mit sich.

Anschlussfragen

- Wie kam es zu der Situation?
- Wie haben Sie die Situation wieder in den Griff bekommen?
- Welche Lehren haben Sie aus der Situation gezogen?
- Wann haben Sie zum letzten Mal etwas so richtig in den Sand gesetzt?
- Es scheint Ihnen eher schwerzufallen, einen Misserfolg zu benennen. Ist die Frage gestattet, ob Sie Ihre Aufgaben vielleicht nicht anspruchsvoll genug gewählt haben?

1.6 Fachliche Expertise

Ziel der Fragen dieses Kapitels ist es, exzellente Fachleute zu identifizieren: Kandidaten, die ihre Profession mit Engagement und Stolz ausüben und sich als Experten auf ihrem Gebiet verstehen.

Diese Fragen sind sowohl relevant für Professionals, die eine Fachlaufbahn eingeschlagen haben, als auch für Führungskräfte, insbesondere für jene, die sich noch auf den ersten Stufen der Führungsleiter befinden. Dass die Messlatte für reine Fachkräfte in diesem Kontext deutlich höher gehängt werden muss als für Führungskräfte mit einer breiteren Verantwortung, versteht sich fast von selbst.

Welche Entwicklungen haben Sie in letzter Zeit als entscheidend in Ihrem Fachbereich erlebt?

Hintergrund

Ein breites, über die eigene begrenzte Tätigkeit hinausgehendes Fachwissen zeugt von hoher Professionalität. Mit diesem Fachwissen vermag der Kandidat die Konkurrenz besser einzuschätzen und ihr gegebenenfalls Beine zu machen. Es hilft ihm dabei, mit neuesten Erkenntnissen seine Arbeitsergebnisse zu optimieren und künftige Entwicklungen zu antizipieren. Fundiertes Fachwissen und die Fähigkeit, dies kritisch einzuordnen, lassen zudem darauf schließen, dass die Geisteshaltung des Kandidaten von Interesse, Offenheit, Lernfähigkeit und Flexibilität geprägt ist.

Anschlussfragen

- Wie sehen Sie unser Unternehmen diesbezüglich aufgestellt?
- Welche fachlichen Entwicklungen und Herausforderungen kommen Ihrer Meinung nach in den nächsten Jahren auf uns zu?
- Welche Unternehmen sehen Sie derzeit maßgeblich an den von Ihnen erwähnten fachlichen Neuerungen beteiligt?
- Wann sind Sie auf diese Entwicklung aufmerksam geworden?
- Wie halten Sie sich über aktuelle Entwicklungen auf dem Laufenden?

Welchen Wettbewerber sehen Sie als fachlich führend in Ihrem Bereich an?

Hintergrund

Es ist immer vorteilhaft, zu wissen, was die Konkurrenz in petto hat. Dieses Wissen zeugt von großem fachlichen Interesse über den eigenen Aufgabenbereich hinaus. Möglichkeiten zur Konkurrenzbeobachtung gibt es viele, beispielsweise Messe- und Kongressbesuche, Netzwerkpflege und die Lektüre von Fachmedien.

Anschlussfragen

- Wie informieren Sie sich über die Aktivitäten des Wettbewerbs?
- Welche Initiativen haben Sie in Ihrem Unternehmen ergriffen, um Ihren Bereich im Vergleich mit der Konkurrenz voranzubringen?
- Wo sehen Sie unser Unternehmen in Bezug auf die geschilderte Situation?
- Haben Sie schon erste Ideen, wie wir unsere Marktstellung in dieser Hinsicht ausbauen können?

In welchem Bereich Ihres Fachgebiets schätzen Sie sich als Experten ein?

Hintergrund

Hier soll der Kandidat das Kind beim Namen nennen. Auch wenn es etwas prahlerisch wirken mag, sich selbst als Experten zu deklarieren, so viel Selbstbewusstsein muss sein. Denn schließlich sind Sie ja auf der Suche nach einem wirklichen Experten für die vakante Position. Gleichzeitig erhalten Sie detaillierte Informationen zu den Kompetenzbereichen des Kandidaten.

Anschlussfragen

- Wie ist Ihre Expertise gerade auf diesem Gebiet entstanden?
- Wo hat Ihnen Ihre Expertise besonders genützt?
- Was spornt Sie auf Ihrem Gebiet zu Spitzenleistungen an?
- Was unterscheidet in Ihrem Fachgebiet gute von exzellenter Leistung?
- Welche Publikationen haben Sie veröffentlicht?

Welche fachlichen Entwicklungen bei Ihrem derzeitigen Arbeitgeber gehen auf Ihre Initiative zurück?

Hintergrund

Eine wesentliche Rolle von Experten im Unternehmen ist die des Impulsgebers. Sie kennen nicht nur die aktuellen Themen und neuesten Trends, sondern können diese auch gezielt im Unternehmen einspielen. Dies erfordert neben der reinen Fachkenntnis die Fähigkeit, aktiv mit anderen Unternehmensbereichen zusammenzuarbeiten.

Anschlussfragen

- Woher kam für Sie der Anstoß, diese Entwicklung zu forcieren?
- Welche Schritte haben Sie unternommen, um von der Idee zur Umsetzung zu gelangen? Welche Schwierigkeiten hatten Sie dabei zu meistern?
- Wie schätzen Sie aktuell den Erfolg der Entwicklung ein? Welches Feedback haben Sie schon bekommen?

Können Sie uns einige Situationen schildern, die Sie fachlich als große Herausforderung oder besonders schwierig erlebt haben?

Hintergrund

Zum einen erfahren Sie mithilfe dieser Frage, womit sich der Kandidat fachlich beschäftigt, was er als Schwierigkeit erlebt und wo eventuell ein Lernprozess stattgefunden hat. Zum anderen, und das ist fast noch wichtiger, erfahren Sie etwas über das Anspruchsniveau des Kandidaten sowie über seine Neigung, in fachlichen Fragen seine Grenzen auszuloten.

Anschlussfragen

- Was werden Sie künftig aufgrund dieser Erfahrung anders machen?
- Hatten Sie mit Schwierigkeiten gerechnet, bevor Sie mit der Aufgabe begonnen haben?
- Was hat Sie trotz der großen Schwierigkeiten dazu bewogen, am Ball zu bleiben?
- Welche Überzeugungsarbeit haben Sie unternehmensintern geleistet, um das Projekt dennoch weiterzuverfolgen?

1.7 Führungsleistung

In diesem Kapitel wird mit der Führungsleistung eine Kompetenz unter die Lupe genommen, die Kandidaten oft als gegeben unterstellt wird. Die ersten drei Fragen eignen sich gut für den allgemeinen Einstieg ins Thema. Die weiteren Fragen beziehen sich auf drei wesentliche Komponenten der Führungsleistung: Führungsmotivation, Führungstechnik und Führungspersönlichkeit.

Eine stark ausgeprägte Führungsmotivation, also der Wille, Einfluss auf Personen und Prozesse auszuüben, ist die Voraussetzung für echtes Gestalten und erleichtert es im Alltag, den Herausforderungen, die eine Führungsrolle mit sich bringt, konstruktiv, kraftvoll und mit langem Atem zu begegnen. In den meisten Fällen ist die Führungsmotivation eng verknüpft mit großem Leistungs- und Erfolgswillen.

Zum Wollen kommt mit der Führungstechnik das Können. Hier geht es um den faktischen Markenkern der Führungskraft. Mithilfe der Fragen dieses Abschnitts gewinnen Sie wichtige Erkenntnisse darüber, wie gut der Kandidat sein Handwerk, also die erfolgreiche Erledigung von Führungsaufgaben, beherrscht.

Die direkte Führungskraft ist meist die wichtigste Bezugsperson eines Mitarbeiters im Unternehmen. Die emotionale Bindung des Mitarbeiters an das Unternehmen wird stark durch diese Beziehung geprägt. Deshalb sind die Fragen dieses Abschnitts darauf ausgerichtet, die Führungspersönlichkeit des Kandidaten, also dessen emotionalen Markenkern, genauer zu prüfen.

Was macht Sie aus Ihrer Sicht zu einer guten Führungskraft?

Hintergrund

Diese sehr allgemein gehaltene Frage eignet sich gut für den Einstieg in den Themenbereich, hat es aber in sich. Hier wird schnell deutlich, welches Konzept von Führung der Kandidat hat und wie differenziert er sich damit auseinandersetzt. Die Frage gibt dem Kandidaten keinerlei Anhaltspunkte, was Sie vielleicht gerne von ihm hören wollen. Er ist mit der Antwort komplett auf sich alleine gestellt.

Anschlussfragen

- Wo sehen Sie Ihre Stärke eher: das Schiff bei hohem Seegang wieder auf Kurs zu bringen oder es bei normalem Seegang langfristig auf Kurs zu halten?
- Welches sind für Sie die zentralen Aufgaben einer Führungskraft?
- Welche Führungstechniken und -werkzeuge wenden Sie erfolgreich an?
- Welches Feedback erhalten Sie von anderen zu Ihrer Führungsleistung?
- Wie und wodurch hat sich die Qualität Ihrer Führungsleistung im Laufe der Zeit entwickelt?
- Welche Führungsaufgaben empfinden Sie eher als unangenehm oder schwierig?

Wie bewerten Sie Ihre Führungsleistung auf einer Skala von 1 bis 10?

Hintergrund

Letztlich handelt es sich hier um eine pointiertere Variante der vorherigen Fragestellung. Hier ist der Kandidat gefordert, direkt auf den Punkt zu kommen und eine klare Selbsteinschätzung abzugeben. Welche der beiden Fragen die passendere ist, entscheidet sich meist spontan im Auswahlgespräch.

Anschlussfragen

- Woran machen Sie diese Bewertung konkret fest?
- Wie hat sich dieser Wert in den letzten Jahren entwickelt?
- Was fehlt aus Ihrer Sicht noch zu einer glatten 10?

Welches sind für Sie Situationen, die Sie als Führungskraft besonders herausfordern?

Hintergrund

Mit dieser Frage loten Sie die Grenzen des Kandidaten aus. Zusätzlich erfahren Sie etwas über seine Performance und seine Lernbereitschaft.

Anschlussfragen

- Was haben Sie aus diesen Situationen gelernt?
- Was motiviert Sie, sich diesen Herausforderungen zu stellen?
- Welches war für Sie die größte Herausforderung, mit der Sie in Ihrer bisherigen Führungslaufbahn konfrontiert wurden?
- Auf welche Lösung eines Problems sind Sie besonders stolz?
- Gibt es einen Bereich, in dem Sie noch mehr Führungsexpertise hinzugewinnen möchten?

> Wann und wobei hat sich Ihr Führungswille in Ihrem Leben erstmals gezeigt?

Hintergrund

Führungsmotivation zeigt sich oft schon früh im Leben – beispielsweise in einer ausgeprägten Leistungsorientierung oder durch die Bereitschaft, in größerem Rahmen Verantwortung zu übernehmen. Will man diese Frage nicht ganz so direkt stellen, kann man sie auch in der Frage nach prägenden Erlebnissen oder besonderen Leistungen verpacken, die die Entscheidung, eine Führungslaufbahn einzuschlagen, beeinflusst haben.

Anschlussfragen

- Welche Erwartungen verbinden Sie mit einer Führungsposition?
- Was hat Sie auf Ihrem Weg als Führungskraft bestätigt, die richtige Karriereentscheidung getroffen zu haben?
- Welches waren Ihre ersten Erfolge als Führungskraft?
- Welche Erfahrungen aus früheren Führungsfunktionen beeinflussen Sie in Ihrer heutigen Führungstätigkeit?

> Was zeichnet Ihre Art der Mitarbeiterführung aus?

Hintergrund

Mit dieser Frage lenken Sie die Aufmerksamkeit des Kandidaten auf eine wesentliche Zielgruppe seines Handelns: seine Mitarbeiter. Aus den Antworten können Sie heraushören, welchen Stellenwert seine Mitarbeiter für ihn haben und was er unter guter Mitarbeiterführung versteht.

Anschlussfragen

- Welches Kompliment Ihrer Mitarbeiter empfinden Sie als größte Anerkennung Ihres Führungsstils?
- Über welche Ihrer Eigenschaften oder Verhaltensweisen würden Ihre Mitarbeiter wahrscheinlich nicht so begeistert berichten?
- Wann haben Sie das letzte Mal einen Erfolg mit Ihrem Team gefeiert?
- Wie gehen Sie mit Fehlern Ihrer Mitarbeiter um? Bitte nennen Sie uns konkrete Beispiele.
- Wie führen Sie Mitarbeiter in virtuellen Teams?

An diesem Punkt im Auswahlgespräch haben Sie sich wahrscheinlich bereits einen fundierten ersten Eindruck von Führungsverständnis, -motivation und -erfahrung des Kandidaten verschafft.

Wie Sie jetzt mit Vertiefungsfragen gekonnt nachhaken, um das Bild zu verfeinern und wichtige Erkenntnisse hinsichtlich der Führungskompetenz des Kandidaten zu gewinnen, lesen Sie auf **www.sage.de/hr-wissen1**.

1.8 Karriereverlauf und Wechselmotivation

Wie sieht die »Rennbahn«, so der französische Ursprung von Karriere, der Kandidaten im Auswahlgespräch aus? Haben Sie es mit professionellen Formel-1-Piloten zu tun, mit Cross-Country-Abenteurern oder mit Sonntagsfahrern? Aus den Mustern der bisherigen Karriereentwicklung der Kandidaten können Sie mit einiger Zuverlässigkeit Hypothesen über deren weiteren Werdegang ableiten.

Eng verknüpft mit der bisherigen Karriere ist die Wechselmotivation: Ist dem Kandidaten die Strecke zu monoton geworden? Hat die Straße Schlaglöcher bekommen? Ist er in einer Sackgasse gelandet? Und vor allem: Wo soll es hingehen? Alles Fragen, die Ihnen helfen, den Wechselwunsch des Kandidaten besser einzuordnen und entsprechende Rückschlüsse für Ihre Auswahlentscheidung zu ziehen.

Wodurch zeichnet sich Ihre Karriere aus?

Hintergrund

Ähnlich wie ein Fingerabdruck ist jede Karriere von ganz bestimmten Merkmalen geprägt. Durch die Offenheit dieser Frage lassen Sie dem Kandidaten Raum, die besonderen Kennzeichen seiner Karriere ohne Vorgaben zu reflektieren, was Ihnen wiederum einiges über die Bewusstheit seiner Karriereentscheidungen und seine Eignung für die vakante Position sagen sollte.

Anschlussfragen

- Gibt es eine passende Überschrift für Ihre Karriere?
- Hatten Sie in Ihrer Karriere einen offiziellen oder inoffiziellen Mentor?
- Haben Sie ein Vorbild in Ihrem Beruf?
- Inwiefern ist die Position bei uns für Sie eine logische Fortsetzung Ihrer bisherigen Karriere?

Welche war, im Rückblick betrachtet, die beste Position Ihrer bisherigen Karriere?

Hintergrund

Durch die erzwungene Reduktion erfahren Sie viel über die tatsächlichen Vorlieben und die Interessenlage des Bewerbers und somit über seine Eignung für die aktuelle Position.

Anschlussfragen

- Welches waren Ihre wichtigsten Erfahrungen in dieser Position?
- Warum haben Sie Ihre bevorzugte Position trotz dieser Vorteile verlassen?
- Welche Elemente dieser Position möchten Sie in der neuen Position unbedingt wieder vorfinden? Worauf können Sie gut verzichten?
- Welches waren die unangenehmsten Erfahrungen, die Sie in einer Position gemacht haben?
- Sie haben ein gutes Verhältnis zu Ihrem Chef erwähnt – was hat dieses Verhältnis ausgemacht?

Wie hoch ist Ihre Zufriedenheit mit Ihrer bisherigen Karriere auf einer Skala von 1 bis 10?

Hintergrund

Arbeitszufriedenheit ist vor allem die Folge von beruflichem Erfolg und Anerkennung. Inwiefern entspricht also die Leistung des Kandidaten den (eigenen) Ansprüchen und Erwartungen und deren Anerkennung durch seine jeweiligen Arbeitgeber?

Wie bei allen Fragen, bei denen sich der Kandidat selbst beurteilen muss, erfahren Sie hier viel über seine Offenheit und seine Fähigkeit, sich selbst und seine Karriere kritisch zu reflektieren.

Anschlussfragen

- Was fehlt noch, damit Sie Ihre Zufriedenheit mit einer 10 bewerten würden? Können Sie sich vorstellen, das in Ihrem jetzigen Unternehmen zu erreichen?
- Wie kommen Sie zu dieser niedrigen Bewertung? Was sind die genauen Gründe dafür?

- Welche Veränderung Ihrer Bewertung versprechen Sie sich von einem Wechsel in unser Unternehmen?
- Welches Feedback bekommen Sie von anderen zu Ihrer Karriere?

Wie hat sich Ihre Karriere bei Ihrem aktuellen Arbeitgeber im Zeitverlauf entwickelt?

Hintergrund

Karriereschritte gibt es nicht nur bei einem Unternehmenswechsel. Welche Progression hat der Kandidat in seiner aktuellen Firma durchlaufen, sowohl in Bezug auf einen hierarchischen Aufstieg und größere Verantwortung als auch im Hinblick auf eine Ausweitung oder Veränderung seines Tätigkeitsgebiets? Das sind wichtige Anhaltspunkte für die Fähigkeiten, Interessen und die Motivation des Kandidaten.

Anschlussfragen

- Auf wessen Initiative hin wurde Ihr Aufgabengebiet erweitert? Wer hat Sie gefördert?
- Warum war der Schritt zu mehr Führungsverantwortung der richtige für Sie?
- Was würden Sie im Rückblick heute anders machen?
- Was wären für Sie die nächsten Karriereschritte bei Ihrem aktuellen Arbeitgeber?
- Wie stellen Sie sich Ihren weiteren Karriereweg bei uns vor? Was ist Ihnen als Nächstes wichtig?

Bei einem Wechsel gibt es ja meistens Faktoren, die einen von etwas weggehen lassen, und andere, die einen in eine neue Richtung ziehen. Wie ist das bei Ihnen in Bezug auf die neue Position?

Hintergrund

Selten werden es nur die Vorteile der neuen Position sein, die den Kandidaten das Gespräch mit Ihnen haben suchen lassen. Meist wird auch ein Quäntchen Unzufriedenheit mit seiner aktuellen beruflichen Situation im Spiel sein. Selbst wenn der Kandidat über den Weg der Executive Search zu Ihnen gekommen ist: Wahrscheinlich hätte er nach einem ersten Telefonat mit dem Personalberater weniger Interesse an Ihrer Position bekundet, wäre er gerade befördert worden, stünde eine deutliche Gehaltserhöhung an oder arbeitete er gerade in verantwortungsvoller Position an einem sehr wichtigen Projekt.

Anschlussfragen

- Welche sind für Sie die interessantesten Aufgaben und Herausforderungen der neuen Position?
- Worin läge für Sie die wichtigste Verbesserung bei einem Wechsel von Ihrem aktuellen Arbeitgeber zu uns?
- Wenn Sie die wesentlichen Kritikpunkte bei Ihrem aktuellen Arbeitgeber ausräumen könnten, wären Sie dann trotzdem hier mit uns im Gespräch?
- Wie lange schauen Sie sich schon nach einer neuen Position um?

Wie würde Ihre Karriere bei Ihrem aktuellen Arbeitgeber weitergehen?

Hintergrund

Wenn Sie das Gefühl beschleicht, auf die vorhergehende Frage nicht die volle Wahrheit gesagt bekommen zu haben, legen Sie mit dieser Frage den Finger auf den wunden Punkt. Hier muss der Kandidat Farbe bekennen, wie es um seine Karriere bei seinem aktuellen Arbeitgeber bestellt ist.

Anschlussfragen

- Wie ist das Verhältnis zu Ihren Vorgesetzten und Kollegen?
- Finden Sie, dass Ihre Vorgesetzten mitunter einen besseren Job machen könnten, indem Sie den Mitarbeitern mehr Anerkennung für ihre Leistungen zeigen?
- In welchem Verhältnis steht Ihr Arbeitseinsatz zu Ihrem Erfolg im Unternehmen?
- Welche anderen Gespräche führen Sie noch?

Für welche zukünftige Position, welchen weiteren Karriereschritt würden Sie sich durch die Tätigkeit bei uns qualifizieren?

Hintergrund

Eine neue Position sollte in die mittel- und langfristige Karriereplanung des Kandidaten passen. Ein guter Indikator dafür ist neben der bisherigen Vita die Position, die der Kandidat sich als nächste vorstellen kann. Zudem verdeutlichen Sie durch diese Fragestellung den Nutzen der vakanten Position für den Kandidaten.

Anschlussfragen

- Was genau an der neuen Aufgabe bereitet Sie aus Ihrer Sicht auf die nachfolgende Position bzw. den nächsten Karriereschritt vor?
- Warum bewerben Sie sich nicht schon jetzt auf eine solche Position?
- In welchem Zeitraum stellen Sie sich diese Entwicklung vor?

Was reizt Sie gerade an unserem Unternehmen besonders?

Hintergrund

Hier erfahren Sie einiges über die Ernsthaftigkeit des Interesses des Kandidaten an Ihrem Unternehmen.

Anschlussfragen

- Was kann Ihnen Ihr aktueller Arbeitgeber nicht bieten?
- Wie würden Sie unser Image im Markt beschreiben?
- Wie sehen Sie unsere Produktpalette im Markt aufgestellt?
- Wen sehen Sie als unsere direkten Wettbewerber?
- Worin liegt Ihrer Ansicht nach unser USP als Arbeitgeber?

Wie waren die Rahmenbedingungen für Ihre Entlassung bzw. Ihre Trennung vom Arbeitgeber?

Hintergrund

Durch Umstrukturierungen, Downsizing, Unternehmensübernahmen, Zusammenlegungen oder Strategieänderungen etc. kommt es zu Entlassungen von Mitarbeitern. Die Herausforderung für Sie besteht darin, diese Fälle von jenen zu unterscheiden, die durch Leistungs- oder Verhaltensdefizite bedingt sind. Am schwierigsten ist dies natürlich, wenn beides zusammenfällt, wenn beispielsweise eine Umstrukturierung dazu genutzt wird, sich von unliebsamen Mitarbeitern zu trennen.

Anschlussfragen

- Welche Gründe haben aus Ihrer Sicht dazu geführt, dass man sich von Ihnen getrennt hat?
- Können Sie sich vorstellen, dass auch Gründe, die in Ihrer Arbeitsleistung oder Ihrem Verhalten zu suchen sind, für die Entscheidung, sich von Ihnen zu trennen, relevant waren?
- War die Entscheidung, gerade Sie zu entlassen, aus Ihrer Sicht nachvollziehbar und gerecht?
- Wie viele Kollegen aus Ihrem Bereich sind noch von der Entlassung betroffen? Wie viele Ihrer Kollegen wurden vor Ihnen entlassen?

1.9 Der Kandidat als Kollege und Mitarbeiter

Hier geht es um die Passung des Bewerbers zur Unternehmenskultur, um seinen Arbeitsstil, seinen Beitrag im Team, seine Integrationsfähigkeit, seine Entwicklungsmöglichkeiten in der Position sowie seine Person jenseits des Jobs. Denn egal, wie hochrangig die Position des Kandidaten im Unternehmen auch angesiedelt ist, auf jeden Fall ist er immer auch Mitarbeiter und Kollege mit eigenen Vorstellungen, Erwartungen und Präferenzen. Und diese sollten Sie kennen, wenn der neue Mitarbeiter in Ihrem Unternehmen längere Zeit erfolgreich sein soll.

Welche Erwartungen haben Sie an Ihren Chef?

Hintergrund
Das Verhältnis zur direkten Führungskraft ist neben den eigentlichen Aufgaben eines der zentralen Merkmale einer Position. Deshalb lohnt es sich, in dieser Beziehung vorab Klarheit zu schaffen. Im Auswahlgespräch ist das noch relativ offen möglich. Später, wenn man bereits zusammen arbeitet und die Machtverhältnisse eindeutig definiert sind, fehlt dazu vielleicht die nötige Unbefangenheit.

Anschlussfragen
- Von welchem Ihrer Chefs haben Sie besonders viel gelernt?
- In Ihrer aktuellen Position, was hätten Sie sich von Ihrem Chef mehr, weniger oder anders gewünscht?
- Was stört Sie generell am Verhalten einer Führungskraft?
- Was erwarten Sie konkret von mir als Führungskraft?
- So wie Sie mich bisher kennengelernt haben, wo sehen Sie Übereinstimmungen, wo mögliche Differenzen in der Zusammenarbeit?
- Was ist Ihr Teil des Deals? Was bringen Sie in unser Arbeitsverhältnis ein?

Wie würden Ihre Kollegen Sie beschreiben?

Hintergrund
Während die Beziehungen zum direkten Vorgesetzten und zu den eigenen Mitarbeitern hierarchisch klar geregelt sind und bereits be-

stimmte Verhaltensmuster vorgeben, ist der Kandidat in der Gestaltung der Beziehungen zu seinen Kollegen relativ frei. Das macht diese Frage spannend: Wie wird der Kandidat in Teams agieren? Welche Rolle nimmt er bevorzugt ein?

Anschlussfragen

- Wie gestalten Sie den Austausch mit Ihren Kollegen?
- Bei welchen Themen fragen Ihre Kollegen Sie häufiger um Rat?
- Welche komplementären Arbeitsstile schätzen Sie in der Zusammenarbeit?
- Welcher Arbeitsstil bringt Sie mitunter auf die Palme?
- Welches könnten in den Augen Ihrer Kollegen Ihre eher schwachen oder nicht so angenehmen Seiten sein?
- Welche Art von Aufgaben vertraut man Ihnen in einem Team besser nicht an?

> Wo sehen Sie in der Position Möglichkeiten, sich fachlich oder persönlich weiterzuentwickeln?

Hintergrund

Je mehr Raum für Wachstum eine Position einem neuen Mitarbeiter bietet, desto größer ist die Wahrscheinlichkeit, dass er eine längere Zeit mit dieser Position zufrieden ist. In welchen Bereichen wird dem Kandidaten also Entwicklungspotenzial eröffnet, sodass er sich nicht gleich wieder nach der nächsten Position umschaut?

Anschlussfragen

- Wie wollen Sie diese Weiterentwicklung konkret angehen?
- Welche Unterstützung brauchen Sie, um die neuen Aufgaben erfolgreich zu bewältigen?
- In welchem Zeithorizont meinen Sie, in dem neuen Bereich eine eigene Expertise aufbauen zu können?
- Welche Situationen gab es in der Vergangenheit, in denen Sie in bestimmten Bereichen dazulernen mussten? Wie sind Sie damit umgegangen?

Wie würden Sie die Unternehmenskultur in Ihrem aktuellen Unternehmen beschreiben?

Hintergrund

Im Abgleich mit der Kultur und den Werten Ihres eigenen Unternehmens bekommen Sie durch die Antworten des Kandidaten valide Indikatoren für seine Passung zu Ihrem Unternehmen. Hier einige Anhaltspunkte für mögliche Attribute: aufgabenorientiert, mitarbeiterorientiert, prozessorientiert, zielorientiert, wettbewerbsorientiert, kooperativ, kurzfristig, langfristig, formell, informell.

Anschlussfragen

- Was hat Ihnen besonders gut gefallen? Wo lagen die Nachteile?
- In welchem Maße mussten Sie politisch agieren, um erfolgreich zu sein?
- Wie haben Sie es verstanden, Entscheidungswege effizient zu nutzen?
- Welche Charakteristika beschreiben Ihr ideales Arbeitsumfeld?
- Wie haben Sie die Atmosphäre in unserem Hause bisher erlebt?

1.10 Gesprächsabschluss

Dieser abschließende Gesprächsabschnitt erfüllt zwei wichtige Aufgaben: Gegen Ende des Auswahlgesprächs ist der Zeitpunkt gekommen, das Verständnis des Kandidaten von Position und Aufgabe noch einmal zu überprüfen. Nicht in dem Sinne, ob er gut aufgepasst hat, sondern um sicherzustellen, dass die Vorstellungen und Erwartungen beider Seiten kompatibel sind und eine tragfähige Basis für ein gutes Arbeitsverhältnis bilden.

Besonders bei Wackelkandidaten, die beispielsweise andere Angebote vorliegen haben, gibt Ihnen der letzte Teil des Interviews noch einmal Gelegenheit, Überzeugungsarbeit zu leisten, bevor Sie den Kandidaten mit seiner Entscheidung alleine lassen. Wichtig ist hier, dass der Kandidat sich die Vorteile der Position und Ihres Unternehmens bewusst macht und sie noch einmal selbst ausspricht.

> Noch einmal auf den Punkt gebracht: Was macht diese Position bei uns für Sie attraktiv?

Hintergrund

Die Frage dient im Wesentlichen der Selbstaffirmation des Kandidaten. Für Sie ist es ein weiterer Check, ob Sie und der Kandidat dieselbe Vorstellung von der Position haben.

Anschlussfragen

- Gibt es Details zur Position, über die Sie noch mehr Informationen benötigen?
- Gibt es aus Ihrer Sicht Kehrseiten oder Nachteile, die Sie gerne noch klären würden?
- Ist im bisherigen Gespräch etwas unklar geblieben? Haben Sie noch Fragen an uns?

Zusammenfassend betrachtet: An welchen Punkten machen Sie fest, dass Ihr Profil und Ihre Interessen gut zu der Position und der Aufgabe passen?

Hintergrund

Eine etwas anspruchsvollere Version der vorherigen Frage. Stellen Sie sie, wenn Sie sich selbst noch nicht hundertprozentig sicher sind, ob der Kandidat (auch aus seiner eigenen Sicht) optimal auf die zu besetzende Position passt. Seine Selbsteinschätzung gibt Ihnen in der Zusammenfassung zudem wertvolle Anhaltspunkte in Bezug auf die Qualifikationen und Talente des Kandidaten, die Sie mit Ihren bisherigen Eindrücken abgleichen können. Ebenso überprüfen Sie mit dieser Frage das Verständnis des Kandidaten von den Aufgaben, die auf ihn zukommen.

Anschlussfragen

- Welche Aufgaben der neuen Position sagen Ihnen besonders zu? Warum?
- Haben Sie schon eine Idee, wie Sie die neuen Aufgaben angehen würden?
- Wo würden Sie in Ihrer neuen Funktion vorerst die Prioritäten setzen?
- Gibt es in dieser Position Aufgaben, die bei Ihnen nicht unbedingt Begeisterung auslösen?

Angenommen, Sie würden heute mit Ihrer Tätigkeit bei uns beginnen. Welche Ergebnisse hätten Sie wahrscheinlich nach einem Jahr bei uns erzielt?

Hintergrund

Sie versetzen den Kandidaten in die Situation, erfolgreich aus dem Auswahlprozess hervorgegangen zu sein, überprüfen sein Verständnis von der Aufgabe und etablieren den Leistungsgedanken, indem Sie nach konkreten Ergebnissen fragen.

Anschlussfragen

- Wie würden Sie diese Ziele priorisieren? Wie kommen Sie zu dieser Priorisierung?
- Welche dieser Aufgaben wäre für Sie die größte Herausforderung?
- Für die Erreichung welcher Ziele sehen Sie sich besonders gut qualifiziert?
- Wie schätzen Sie die vorhandene Ressourcenausstattung ein, um diese Ziele zu erreichen?
- In welchen Bereichen würden Sie sich Unterstützung suchen?

Welche Fragen können wir Ihnen noch beantworten, damit Sie zu einer tragfähigen Entscheidung kommen?

Hintergrund

Bieten Sie dem Kandidaten Ihre Unterstützung bei der Entscheidungsfindung an, indem Sie ihm Gelegenheit geben, seine Fragen zu adressieren. Anhand seiner Fragen können Sie noch einiges darüber in Erfahrung bringen, ob der Kandidat noch unentschlossen ist, ob er einfach noch weitere Informationen benötigt und wo ihn eventuell der Schuh drückt.

Tipp: IT-Werkzeug für optimales Recruiting

Die Suche nach dem passenden Kandidaten gestaltet sich zunehmend schwieriger. Ist diese erste Hürde genommen und Bewerbungen liegen online oder per Post vor, kommt es im sich anschließenden Auswahlprozess auf ein professionelles und gut organisiertes Bewerbermanagement an. Dazu zählt nicht nur die rechtzeitige Rückmeldung und Einladung des Bewerbers, sondern auch ein verantwortungsvoller Bewerberprozess im Unternehmen.

Mit der Softwarelösung **Sage HR Recruiting** nehmen Sie von Anfang an alle Beteiligten in die Verantwortung. Im Web-Modul können alle Daten zum Bewerber eingesehen werden – vom Lebenslauf über Fertigkeiten bis hin zur Historie, die ein Kandidat bisher im Bewerberprozess durchlaufen hat.

Durch Abgleich mit dem hinterlegten Stellenprofil wird die Qualifikation des Bewerbers schnell identifiziert und die Entscheidung, ob »Hopp oder Top«, von den Beteiligten gemeinsam getroffen und getragen. Die transparente Darstellung aller relevanten Informationen und das individuelle Bewerber-Stammblatt bilden eine optimale Gesprächsvorbereitung, die Online-Gesprächsprotokollierung eine gute Nachbereitung.

Screen: Alle Informationen auf einen Blick mit dem Bewerber-Dashboard von Sage HR

Weitere Informationen unter
www.sage.de/hr-werkzeug1

2 Mitarbeitergespräche im Überblick

Die Kommunikation mit den eigenen Mitarbeitern ist eines der wichtigsten, wenn nicht das wichtigste Führungsinstrument. Viele Fehlentwicklungen und Probleme sind auf mangelnde Kommunikation zurückzuführen. Umgekehrt nehmen in Teams, in denen strukturiert, klar und offen miteinander gesprochen wird, die Qualität der Arbeitsergebnisse ebenso wie die Zufriedenheit von Mitarbeitern und Führungskräften spürbar zu.

Im Arbeitsalltag haben häufig andere Dinge Priorität, weil die Bedeutung einer professionellen Kommunikation mit den eigenen Mitarbeitern unterschätzt wird. »Meine Tür steht doch immer offen«, ist in diesem Zusammenhang ein mehr oder weniger gern gehörter Satz. De facto heißt das: »Gibt es etwas zu besprechen, werden meine Mitarbeiter schon zu mir kommen, ansonsten habe ich Wichtigeres zu tun.« Diese Laisser-faire-Einstellung greift jedoch zu kurz und ist oft genug nur ein Versuch, kommunikative Zurückhaltung durch einen modern klingenden Führungsstil zu legitimieren.

Neben der individuellen Priorisierung von Mitarbeitergesprächen gibt es in der Praxis einen weiteren Hemmschuh: Mitunter fehlt nämlich schlicht und ergreifend das (handwerkliche) Geschick, erkannten Gesprächsbedarf adäquat zu artikulieren. »Die Sprache ist die Quelle aller Missverständnisse«, sagt Antoine de Saint-Exupéry. Das gilt insbesondere für Business-Kommunikation, die im Spannungsfeld von ambitionierten Zielen und Erfolgsdruck, Partikularinteressen und persönlichen Befindlichkeiten hohe Anforderungen an Effizienz und Wirkung erfüllen muss. Für Mitarbeitergespräche ist deshalb hohe kommunikative Kompetenz gefragt. Diese geht über die Mittel der Alltagskommunikation deutlich hinaus und erfordert strukturiertes Vorgehen und gezielte Übung.

Vor diesem Hintergrund verfolgt dieses Buch zwei Ziele: HR-Entscheider und Personalverantwortliche für die Wichtigkeit professioneller Mitarbeitergespräche zu sensibilisieren und, darauf aufbauend, das passende Handwerkszeug für gelungene Mitarbeitergespräche zur Verfügung zu stellen. Dazu finden Sie in den folgenden Kapiteln praxisnah aufbereitete Leitfäden für häufig vorkommende Gesprächsanlässe und die wichtigsten Gesprächsarten. Los geht es zunächst mit zehn Tipps und nützlichen Fragetechniken für erfolgreiche Mitarbeitergespräche.

2.1 Zehn Tipps für erfolgreiche Mitarbeitergespräche

Die folgenden Tipps für erfolgreiche Mitarbeitergespräche haben sich in der Praxis bewährt. Sie helfen dabei, eine konstruktive Gesprächsgrundlage zu schaffen und das gegenseitige Verständnis zwischen Führungskraft und Mitarbeitern zu verbessern:

1. Im Gespräch bleiben,
2. Rahmenbedingungen schaffen,
3. Das Gespräch vorbereiten,
4. Die eigene Stimmung reflektieren,
5. Auf die Wortwahl achten,
6. Fragen stellen,
7. Klare Erwartungen vermitteln,
8. Feedback geben,
9. Verbindlichkeit zeigen,
10. Den Schlusspunkt setzen.

1. Im Gespräch bleiben

Stellen Sie sich vor, Sie hätten eine Weile, mehrere Wochen vielleicht, keinen Sport mehr getrieben. Und Sie entscheiden sich dann spontan, zehn Kilometer zu joggen. Das dürfte selbst trainierten Sportlern schwerfallen. Ähnlich verhält es sich bei Gesprächen mit Mitarbeitern: Mangelt es an Gesprächsroutine, wird es nicht leicht sein, kritische Punkte unbefangen zu thematisieren, sich über den Arbeitsfortschritt der eigenen Mitarbeiter auf dem Laufenden zu halten oder auch einfach nur zu wissen, was diese gerade beschäftigt.

Abhilfe ist allerdings schnell geschaffen: Die Basis gelungener Kommunikation ist ein regelmäßiger, terminierter Austausch zwischen Führungskraft und Mitarbeitern in Form von Einzelgesprächen und Teambesprechungen. Diese stellen sicher, dass die Kommunikation im Fluss bleibt. Und ähnlich wie beim regelmäßigen Lauftraining ist es eigentlich nur eine Frage der Disziplin, dass diese Gespräche auch stattfinden. Spontane Ad-hoc-Gespräche ergänzen die geplante Regelkommunikation nach Bedarf.

Oft hört man den Einwand, dass die Zeit für solche zusätzlichen Besprechungen fehle. Kurzfristig betrachtet mag das stimmen. Doch werden Sie die positiven Effekte einer optimierten Regelkommunikation schon bald spüren: Es gibt weniger Schleifen und Nachfassbedarf in der Kommunikation, denn Themen sind besser vorbereitet und werden frühzeitig und gleich beim ersten Anlass umfassend besprochen. Auch kehrt mehr Ruhe ein, denn aufgrund regelmäßiger Gesprächstermine sind weniger Ad-hoc-Termine für dringende Anliegen erforderlich. Außerdem steigt durch regelmäßige Kommunikation das gegenseitige Vertrauen zwischen Führungskraft und Mitarbeitern, was an anderer Stelle, beispielsweise bei Leistungsüberprüfungen, Zeit einspart.

2. Rahmenbedingungen schaffen

Mit den hier genannten Rahmenbedingungen sorgen Sie für eine gute Gesprächsatmosphäre, die den inhaltlichen Austausch spürbar erleichtert.

Gespräch ankündigen

Wenn man einmal von Small Talk oder einem kurzen Lob absieht, das selbstverständlich auch zwischen Tür und Angel Platz hat, ist es für alle Beteiligten hilfreich, die meisten der in diesem Buch behandelten Gespräche rechtzeitig zu terminieren und den Mitarbeiter über den Gesprächsanlass zu informieren. Das ist bei Weitem keine Selbstverständlichkeit. Immer wieder berichten Mitarbeiter davon, dass selbst Jahresgespräche ad hoc anberaumt werden, nach dem Motto, »Wollen wir uns mal kurz zusammensetzen?« oder »Jetzt habe ich gerade mal ein paar Minuten Zeit«. Dass dieses Vorgehen der Qualität der Gespräche abträglich ist, liegt auf der Hand. Denn so hat man kaum Zeit zur Gesprächsvorbereitung und beim Mitarbeiter entsteht ein Gefühl der Willkür und Abhängigkeit.

Termine einhalten

Ist das Gespräch terminiert, sollte es natürlich auch wie geplant stattfinden und nur in Ausnahmefällen verschoben werden. Das signalisiert dem Mitarbeiter die Wichtigkeit des Gesprächs und damit auch seinen eigenen Stellenwert für die Führungskraft, ist also eine Form der Wertschätzung. Mitarbeitergespräche sollten deshalb stets hohe Priorität haben.

Pünktlich sein

Pünktlichkeit ist die Höflichkeit der Könige, heißt es. Zunächst einmal hat eine Verspätung keine direkten Auswirkungen auf die Führungsbeziehungen. Langfristig betrachtet zwingt wiederholte Unpünktlichkeit der Führungskraft den Mitarbeiter jedoch in eine Wartestellung auf Abruf, die unnötig ist, negative Gefühle auslöst und nicht gerade die Selbstständigkeit des Mitarbeiters fördert. Auch eine konstruktive Gesprächsatmosphäre ist bei chronisch unpünktlichem Beginn der Mitarbeitergespräche schwer herzustellen.

Zeitpuffer einplanen

Gerade wichtige Gespräche lassen sich entspannter führen, wenn dafür genügend Zeit eingeplant ist. Denn auch wenn sich die Führungskraft um Gelassenheit trotz Zeitdruck bemüht, wird der Mitarbeiter diesen spüren, und sei es nur durch den wiederholten »heimlichen« Blick auf die Uhr. Entspannt reden lässt es sich dann nicht mehr. Im Zweifelsfall ist es deshalb besser, für den Termin eine halbe Stunde mehr einzuplanen. Sollten die Themen doch schneller besprochen sein, haben alle Beteiligten zusätzliche Zeit zur Verfügung, die sich im meist vollen Arbeitstag gut nutzen lassen wird. Stellt sich während des Gesprächs heraus, dass die Inhalte im vereinbarten Zeitrahmen nicht zu bearbeiten sind, empfiehlt es sich, direkt einen Folgetermin zu vereinbaren.

Gesprächsraum schaffen

Für ein Mitarbeitergespräch sollte ein ruhiger Raum reserviert sein. Der beste Ort dafür ist der Besprechungstisch im Chefbüro, denn hier hat die Führungskraft das Hausrecht. Hat die Führungskraft kein eigenes Büro zur Verfügung oder ist kein Besprechungstisch vorhanden (das Gespräch hinter bzw. vor dem Schreibtisch sitzend zu führen, ist sehr ungünstig), ist ein Konferenzraum auch geeignet. Für positiv konnotierte Gespräche kann auch ein gemeinsamer Spaziergang eine schöne Abwechslung sein. Störungen jeglicher Art sollten vermieden oder, falls überhaupt nicht vermeidbar, vorher angekündigt werden. Mobile Endgeräte bleiben ausgeschaltet, denn selbst ein Vibrationsalarm lenkt ab, und oft siegt doch die Neugier und man wirft einen kurzen Blick auf den Nachrichteneingang. Ein Getränkeangebot rundet das Setting ab.

Auf das Gespräch einstimmen

Etwa zehn Minuten vor Beginn des Gesprächs ist es hilfreich, die Notizen für das Gespräch (siehe Gesprächsvorbereitung) noch einmal in Ruhe durchzugehen und sich die wesentlichen Punkte ins Gedächtnis zu rufen. Vor allem sollten jetzt keine Telefonate mehr angenommen oder E-Mails abgerufen werden. Das kann länger dauern als gedacht oder auch Informationen hervorbringen, die vom Gespräch mit dem Mitarbeiter ablenken.

3. Das Gespräch vorbereiten

Mitarbeitergespräche werden erstaunlich oft aus dem Stegreif geführt. Dabei lässt sich der Wirkungsgrad von Mitarbeitergesprächen durch eine gute Vorbereitung mit überschaubarem Aufwand deutlich steigern. Die Beantwortung der nachfolgenden Fragen bringt Struktur und Klarheit in jedes Gespräch:

- Welche Ziele verfolgen Sie mit dem Mitarbeiter?
- Welches maximale, welches minimale Ziel verfolgen Sie mit dem Gespräch?
- Welche Ziele verfolgen Sie auf der inhaltlichen Ebene?
- Welche Ziele verfolgen Sie auf der Beziehungsebene?
- Welches sind die wesentlichen Punkte, die Sie besprechen wollen?
- Wie bauen Sie das Gespräch auf?
- Wie wollen Sie das Gespräch beginnen?
- Wie wollen Sie argumentieren?
- Welche Fragen wollen Sie dem Mitarbeiter stellen?
- Welche Einwände könnte der Mitarbeiter haben? Wie können Sie darauf reagieren?
- Wie wollen Sie das Gespräch beenden?

Anfangs empfiehlt es sich, die Fragen mit einigem zeitlichen Abstand vor dem Gespräch zu bearbeiten, beispielsweise am Vorabend, und sich Stichpunkte aufzuschreiben. Im Laufe der Zeit, wenn sich Routine eingestellt hat, ist das natürlich auch unmittelbar vor dem Gespräch möglich. Dann werden Sie auch zunehmend weniger Zeit dafür benötigen. Weitere Hinweise zur Vorbereitung auf die verschiedenen Arten von Mitarbeitergesprächen finden Sie in den jeweiligen Gesprächsleitfäden.

4. Die eigene Stimmung reflektieren

Vielleicht haben Sie das selbst schon einmal erlebt: Sie haben gerade eine gute Neuigkeit erfahren und gehen, davon beschwingt, gut gelaunt in ein Mitarbeitergespräch. Auch wenn es sich um ein kritisches Gespräch handeln sollte, sind Sie deshalb gleich ein wenig versöhnlicher gestimmt. Oder im Gegenteil, Sie erhalten kurz vor einem Mitarbeitergespräch eine negative Nachricht, die sich ebenfalls im Gespräch bemerkbar macht, beispielsweise dadurch, dass Sie gereizter sind als normalerweise.

Die Stimmungen und mehr oder weniger bewussten Gedanken, mit denen Sie in ein Gespräch gehen, haben einen großen Einfluss auf dessen Verlauf und Ausgang. Jetzt könnte man einwenden, dass Führungskräfte sich gut im Griff haben und Mitarbeiter von deren Stimmungen, insbesondere den negativen, deshalb kaum etwas mitbekommen. Doch diese Vorstellung ist trügerisch. Denn sogenannte Mikrobotschaften verraten Ihrem Gesprächspartner über Gestik, Mimik und Stimme, was Sie gerade denken und fühlen. Da diese Mikrobotschaften sehr zahlreich und meist unbewusst ablaufen, lassen sie sich kaum kontrollieren. Deshalb ist es empfehlenswert, die eigene Stimmung vor dem Gespräch kurz zu reflektieren, beispielsweise anhand folgender Fragen:

- Welche Gedanken beschäftigen Sie gerade, auch unabhängig von dem anstehenden Mitarbeitergespräch?
- In welcher Stimmung sind Sie gerade und wie könnte diese das Gespräch beeinflussen?
- Auf einer Zehnerskala, wie gelassen, angespannt, zuversichtlich, kritisch, glücklich, enttäuscht, euphorisch etc. sind Sie gerade?
- Was denken Sie über den Mitarbeiter?
- Mit welchen Erwartungen gehen Sie in das Gespräch?

Je nach den Antworten auf diese Fragen ist es empfehlenswert, aktiv an einer gelassenen, positiv-neutralen Grundhaltung für das Gespräch zu arbeiten. So können Sie beispielsweise negative Gedanken durch Aufschreiben auf einen »Gedankenparkplatz« stellen, bis das Gespräch beendet ist.

Weitere empfehlenswerte Grundhaltungen im Gespräch sind: Wertschätzung für die Person des Mitarbeiters (unabhängig von der Leistung), Neugier und Offenheit (auch wenn Sie den Mitarbeiter gut zu kennen glauben), Stärkenorientierung (auch wenn der Mitarbeiter gerade Fehler gemacht hat), eine angemessene Ernsthaftigkeit in Bezug auf Ihr Anliegen sowie die Wertschätzung der eigenen Person und Rolle.

5. Auf die Wortwahl achten

Kommunikation im Business ist Gebrauchskommunikation, die immer ein Ziel verfolgt. Deshalb geht es in diesem Abschnitt um den möglichst effektiven Einsatz von Sprache. Drei Themenblöcke sind in diesem Kontext besonders relevant: ein respektvoller Ton, prägnante Aussagen sowie eine zielgerichtete Wortwahl.

Je konstruktiver die Atmosphäre ist, in der ein Gespräch stattfindet, desto größer sind die Chancen, dass sich beide Parteien auf die Sache, den jeweils anderen Standpunkt, mögliche Lösungen oder neue Ideen konzentrieren können. Die Voraussetzung hierfür ist die Tugend der Höflichkeit und des Respekts, im asiatischen Kulturkreis besser beschrieben als »jemanden sein Gesicht wahren lassen«.

Im Führungsalltag trüben immer wieder negative Gefühle, bis hin zu persönlichen Angriffen, die Gesprächsatmosphäre. Das ist völlig unnötig und unangebracht, denn letztlich geht es in Führungsbeziehungen immer nur um zwei Dinge: vereinbarte Leistung und erwünschtes Verhalten. Beides lässt sich aus Sicht der Führungskraft recht genau definieren, sodass in der Sache an sich eine große Klarheit herrschen sollte. Ist die Führungskraft also in Bezug auf ihre Erwartungshaltung mit sich im Reinen, können alle Gesprächsinhalte in einem ruhigen, verbindlichen, respektvollen und menschlich wertschätzenden Ton vorgebracht werden.

Haben Sie schon einmal versucht, ein anstehendes Mitarbeitergespräch vorab in wenigen Sätzen prägnant zusammenzufassen? Das ist eine gute Übung, um die eigene Klarheit zu steigern und das spätere Gespräch durch kurze und präzise Sätze besonders effizient zu gestalten. Gelingt diese Übung, geht man mit der Sicherheit ins Gespräch, das Wichtigste in Kürze präsent zu haben, und kann dann im Gespräch selbst die rhetorischen Zügel durchaus wieder ein wenig lockerer lassen. Darüber hinaus steigert der Verzicht auf sprachliche Weichmacher und Füllwörter wie »eigentlich«, »vielleicht«, »sozusagen« etc. die Gesprächsqualität erheblich.

Wie Studien zeigen, hat die Wortwahl einen großen Einfluss auf die Gedanken und auch auf die Leistung der beteiligten Gesprächspartner. Für Mitarbeitergespräche bedeutet diese Erkenntnis, einen Sachverhalt lösungsorientiert und dem gewünschten Zielzustand entsprechend zu formulieren. In einem Feedbackgespräch formulieren Sie beispielsweise besser »Bitte arbeiten Sie zügig und zuverlässig« als »Arbeiten Sie nicht mehr so langsam und machen Sie weniger Fehler!«.

6. Fragen stellen

Fragen sind die wichtigste Gesprächstechnik einer Führungskraft. Nicht ohne Grund sagt man: »Wer fragt, der führt.« Denn eine Frage bestimmt zunächst den Fokus eines Gesprächs und die Führungskraft übernimmt durch ihre Fragen die Gesprächshoheit. Sie entscheidet durch ihre Fragen, wo es langgeht. Darüber hinaus sorgen gute Fragen dafür, dass die Gesprächsanteile ausgewogen verteilt sind. »Ausgewogen« bedeutet im Mitarbeitergespräch, von Ausnahmen wie Informations- oder Unterweisungsgesprächen einmal abgesehen, dass der Mitarbeiter den größeren Redeanteil hat. Ein Verhältnis von zwei Dritteln zu einem Drittel kann als Richtwert dienen.

Durch geschicktes Fragen vermeiden Führungskräfte einen häufigen Fehler, nämlich dass sie selbst ohne Punkt und Komma reden und somit die meiste Gesprächsarbeit selbst verrichten. Außerdem verschaffen sich Führungskräfte mithilfe guter Fragen mehr Zeit, um zuzuhören, sich Gedanken über das Gesagte und natürlich auch ihre nächsten Fragen zu machen. Das kommt der Gesprächsqualität zugute.

Gesprächspausen sind die zweite Seite derselben Medaille. Denn gute Fragen erfordern oft ein Nachdenken über die Antwort, was ein wenig Zeit in Anspruch nehmen kann. Diese Zeit des Überlegens und Schweigens gilt es auszuhalten. Das fällt vielen Menschen erfahrungsgemäß nicht leicht. Schnell ist man versucht, die Frage noch einmal zu wiederholen, zu umschreiben, zu präzisieren oder gar schon mögliche Antworten ins Spiel zu bringen. Was an dieser Stelle hilft, sind Disziplin und ein wenig Übung im Schweigen.

Eine kommentierte Übersicht zu den wichtigsten Fragetechniken für Mitarbeitergespräche finden Sie im nächsten Kapitel.

7. Klare Erwartungen vermitteln

Wichtig für eine gute, konstruktive Zusammenarbeit von Führungskraft und Mitarbeiter ist die Art und Weise, wie die Führungskraft ihre Erwartungen und Anforderungen an den Mitarbeiter vermittelt. Herrscht hier Klarheit, zahlt sich das später in Form von zügigen und hochwertigen Arbeitsergebnissen sowie reibungsloser Kooperation aus. Voraussetzung für diese Klarheit in der Interaktion zwischen Führungskraft und Mitarbeiter ist zunächst, dass sich die Führungskraft selbst im Klaren über ihre Anspruchshaltung ist. Und das sowohl im Hinblick auf die Qualität der Arbeitsergebnisse als auch im Hinblick auf die Art und Weise der Zusammenarbeit. Die folgenden Fragen unterstützen Sie dabei, Ihre Erwartungen in Bezug auf das Verhalten in Ihrem Zuständigkeitsbereich zu präzisieren:

- Für welche Werte stehen Sie als Führungskraft?
- Welches sind die fünf wichtigsten Spielregeln in Ihrem Verantwortungsbereich?
- Gegen welche Regeln sollte man in Ihrem Bereich besser nicht verstoßen?

Um sich Klarheit über die eigenen Leistungserwartungen zu verschaffen, haben sich zwei Vorgehensweisen bewährt: die Definition von Zielen anhand der SMART-Kriterien (siehe unten) und das differenzierte Festlegen von Ergebnismerkmalen für bestimmte Aufgaben in unterschiedlichen Leistungsstufen:

- Anhand welcher Kriterien machen Sie eine ausreichende Leistung fest, die Ihren Grundanforderungen genügt?
- Woran erkennen Sie eine gute, überdurchschnittliche Leistung?
- Welches sind Ihre Kriterien für eine sehr gute oder herausragende Leistung?

SMART formulierte Ziele können Sie bei der Beantwortung der oben genannten Fragen zusätzlich unterstützen. Auch wenn das Festlegen von Zielen anhand der SMART-Kriterien heute zum Standard der Managementlehre gehört, seien die Kriterien der Vollständigkeit halber hier noch einmal kurz aufgeführt.

Spezifisch:	Ziele sind möglichst konkret und genau formuliert.
Messbar:	Ziele sind messbar.
Attraktiv:	Ziele entsprechen den Fähigkeiten des Mitarbeiters.
Realistisch:	Ziele sind erreichbar, aber auch nicht zu leicht.
Terminiert:	Ziele sind mit einer konkreten Frist verbunden.

Hat die Führungskraft Klarheit über ihre eigenen Leistungs- und Verhaltensmaßstäbe erzielt, ist es nur noch ein kleiner Schritt, diese mit derselben Klarheit an die Mitarbeiter zu kommunizieren, beispielsweise mit folgenden Formulierungen:

- Mir ist wichtig, dass ...
- Ich erwarte von Ihnen, dass ...
- Bitte beachten Sie, dass ...

In vielen Fällen wird es notwendig sein, diese Erwartungen und Anforderungen im gemeinsamen Gespräch mit dem Mitarbeiter zu spezifizieren. Auch mit Einwänden seitens der Mitarbeiter sollte die

Führungskraft rechnen. Um diesen zu begegnen, ist ebenfalls eine klare, unmissverständliche Formulierung der eigenen Erwartungen die notwendige Voraussetzung.

8. Feedback geben

Als eines der wesentlichen Steuerungsinstrumente ist Feedback die Grundlage für Beurteilungen und die weitere Entwicklung eines Mitarbeiters. Da sich Feedback konkret auf ein bestimmtes Verhalten oder die Leistung des Mitarbeiters bezieht, erleichtert es den gemeinsamen Austausch auf Basis überprüfbarer Fakten. Damit Feedback möglichst objektiv stattfindet, sind einige Punkte zu beachten.

Zunächst ist es notwendig, das Verhalten und die Leistungen eines Mitarbeiters kontinuierlich im Blick zu behalten. Das ist schwieriger, als es sich anhört. Denn einerseits geht die genaue Beobachtung im Alltag oft unter. Andererseits erfordert es einige Disziplin, vertraute Mitarbeiter immer wieder aufs Neue unvoreingenommen zu beobachten. Deshalb ist es empfehlenswert, sich in regelmäßigen Abständen, beispielsweise monatlich, kurze Notizen zu den eigenen Mitarbeitern aufzuschreiben, etwa in den beiden Kategorien Leistung und Verhalten.

Das eigentlich Herausfordernde an dieser Vorgehensweise ist die Trennung der Beschreibung des Verhaltens bzw. der Leistung von deren Beurteilung. Oft wird die Beurteilung eines Sachverhalts nämlich schneller vollzogen sein als dessen präzise Beschreibung. Diese ist aber notwendig, will man den Mitarbeiter nicht nur mit einem summarischen »Das war gut« oder »Das war nicht gut« abspeisen, sondern ihm die konkreten Gründe für diese Bewertung verständlich und nachvollziehbar vermitteln.

Ein simples Beispiel veranschaulicht das: Mit der Aussage »Ihren Kleidungsstil finde ich unpassend« kann niemand etwas anfangen. Hilfreich ist es dagegen, wenn der Beobachter seine Aussage spezifiziert, beispielsweise: »Ihre Hose ist ein gutes Stück zu kurz und auf Ihrem Jackett ist ein Fleck.« Bei dieser Detailschärfe weiß der Mitarbeiter sofort, wo die Ansatzpunkte für positive Veränderung liegen. Und die Führungskraft ist argumentativ auf der sicheren Seite.

9. Verbindlichkeit zeigen

Das Vertrauen der Mitarbeiter ist das wichtigste Kapital einer Führungskraft. Um dieses Vertrauen zu erwerben und zu behalten, kommt es auf Verbindlichkeit an. Nur wenn die Führungskraft tut, was sie sagt, ist sie berechenbar und mithin in den Augen ihrer Mitarbeiter verlässlich und vertrauenswürdig. Im angloamerikanischen Sprachraum wird dies mit dem Idiom »walk the talk« treffend beschrieben. Dass dieser Prämisse allerdings bei Weitem nicht alle Führungskräfte in wünschenswertem Maß Folge leisten, macht ein weiteres geflügeltes Wort deutlich, der sogenannte »say-do-gap«, also die offensichtliche Lücke zwischen Gesagtem und der nachfolgenden Handlung. Um dem entgegenzuwirken, ist es vor Gesprächen mit Mitarbeitern empfehlenswert, sich selbst einige Prüffragen zu stellen:

- Wollen und können Sie sich zum aktuellen Zeitpunkt festlegen?
- Welche Punkte können Sie eigenständig entscheiden? Wo müssen Sie sich gegebenenfalls mit anderen abstimmen?
- Welche Punkte sind Sie willens und in der Lage nachzuhalten?
- In welchem Umfang sind Sie bereit und in der Lage, sich für getroffene Vereinbarungen zu engagieren?
- Welche Konsequenzen können und wollen Sie ziehen, falls der Mitarbeiter Ihre Erwartungen oder Vereinbarungen nicht erfüllt? Wo brauchen Sie gegebenenfalls Unterstützung?

Haben Sie sich mithilfe dieser Fragen Klarheit über das Machbare verschafft, lassen sich eindeutige Aussagen wie die folgenden wesentlich leichter treffen:

- Bei dem neuen Projekt hätte ich Sie sehr gerne dabei.
- Ich werde mich bei der Geschäftsleitung für Ihre Idee einsetzen. Lassen Sie uns dazu einen gemeinsamen Termin vereinbaren.
- In absehbarer Zeit werden wir für das Projekt keine Ressourcen zur Verfügung haben, auch wenn mir Ihre Idee gut gefällt. Lassen Sie uns nächstes Jahr noch einmal darüber sprechen.
- Ich erwarte von Ihnen, dass Sie sich an die vereinbarten Arbeitszeiten halten. Wenn Sie noch einmal die Pausen überziehen, muss ich Ihnen eine Abmahnung erteilen.
- Die unzureichende Qualität Ihrer Arbeit akzeptiere ich so nicht mehr. Wenn die Qualität in den kommenden vier Wochen nicht deutlich besser wird, müssen wir über eine andere Aufgabe für Sie nachdenken.

Können Sie Ihre Prüffragen nicht eindeutig beantworten, ist es in der Regel die beste Wahl, dem Mitarbeiter gegenüber zunächst »weichere« Aussagen zu treffen. Allerdings ist es auch in den folgenden Situationen wichtig, das Gesagte dann konsequent nachzuhalten:

- Lassen Sie mir noch ein bis zwei Tage Zeit. Dann kann ich Ihnen verbindlich sagen, ob Sie an dem Projekt mitarbeiten können. Ich möchte mich dazu noch mit Frau Meier abstimmen.
- Ich würde gern noch einmal in Ruhe über Ihren Vorschlag nachdenken, bevor wir darüber sprechen. Kommen Sie doch bitte nächste Woche auf mich zu.
- Mir gefällt Ihre Idee sehr gut, aber ich kann Ihnen da im Moment nichts versprechen. Kommen Sie doch bitte in vier Wochen noch einmal auf mich zu, dann kann ich besser abschätzen, wie das aktuelle Projekt läuft.
- Lassen Sie uns in vier Wochen noch einmal über Ihre Arbeitszeiten sprechen. Bis dahin werde ich das im Blick behalten und mich mit dem Betriebsrat abstimmen.

10. Den Schlusspunkt setzen

Ein gutes Mitarbeitergespräch ist durch eine angemessene Dauer gekennzeichnet und lebt deshalb auch von einem gut platzierten Ende. Es ist das Privileg der Führungskraft, diesen Endpunkt zu bestimmen. Damit verfügt sie über ein wichtiges Instrument zur aktiven Gesprächssteuerung. Einerseits gilt es sicherzustellen, dass genügend Zeit zur Verfügung steht, um die jeweiligen Standpunkte zu verdeutlichen, zu diskutieren, Ideen zu generieren und Fragen zu stellen. Andererseits sollte das Gespräch nicht ziellos mäandern, sich nicht in Wiederholungen, unnötigen Exkursen oder gar Auseinandersetzungen verlieren.

Erfahrungsgemäß beenden viele Führungskräfte Mitarbeitergespräche mit erfreulichen, angenehmen Inhalten zu schnell, weil vermeintlich alles gesagt ist. Gespräche über kritische, negative oder unerfreuliche Sachverhalte werden dagegen oft unnötig in die Länge gezogen; beispielsweise um den eigenen Standpunkt durchzusetzen, ein schlechtes Gewissen wegzureden, unbedingt eine Einigung zu erzielen oder einen Streit auszutragen. Haben Sie als Führungskraft also das Gefühl, dass ein Mitarbeitergespräch ins falsche Fahrwasser zu geraten droht oder schon geraten ist, ist es ratsam, es zügig zu beenden, gegebenenfalls zu vertagen und vorerst einen Punkt machen.

Neben dem richtigen Zeitpunkt für das Gesprächsende ist noch dessen Qualität zu beachten. Unabhängig vom Inhalt sollte der Gesprächsabschluss verbindlich in Ton und Sache sein. Erreicht wird dies beispielsweise durch eine kurze Zusammenfassung der Gesprächsergebnisse durch den Mitarbeiter, die klare Vereinbarung der weiteren Schritte, die Verteilung der jeweiligen Aufgaben und die Terminierung des nächsten Treffens. Auch der Hinweis, dass die Führungskraft hinter den getroffenen Vereinbarungen steht und Vertrauen in den Mitarbeiter setzt, steigert die Verbindlichkeit und erleichtert die zukünftige Zusammenarbeit.

Noch ein abschließender Tipp für den Fall, dass ein Mitarbeiter das Gespräch partout nicht beenden will: Stehen Sie auf und signalisieren so, dass die Unterredung beendet ist.

2.2 Fragetechniken für Mitarbeitergespräche

Grundsätzlich können in Mitarbeitergesprächen dieselben Fragearten verwendet werden wie in Auswahlgesprächen (siehe Kapitel 1.2). Die im Kontext von Mitarbeitergesprächen darüber hinaus entscheidende Frage ist die nach der Zielrichtung und dem inhaltlichen Fokus: Was will die Führungskraft mit dem Gespräch erreichen? Worauf lenkt sie durch ihre Fragestellung die Aufmerksamkeit des Mitarbeiters?

So haben die beiden folgenden, inhaltlich recht ähnlichen Fragen eine ganz gegensätzliche Wirkung:

- Wo lagen die Schwierigkeiten?
- Wie können wir das beim nächsten Mal besser machen?

Während der Fokus der ersten Frage auf dem Defizit bzw. Problem liegt, ist das Erkenntnisinteresse bei der zweiten Frage auf die Lösung gerichtet. Entsprechend unterschiedliche Gedankengänge, Reaktionen und wahrscheinlich auch Ergebnisse werden beide Fragen anstoßen.

Hier ein kurzer Überblick über die relevanten Fragetypen speziell in Mitarbeitergesprächen:

Verständnisfragen

Verständnisfragen dienen dazu, einen Sachverhalt zu klären, zu präzisieren oder zu vertiefen. Es geht in erster Linie darum, eindeutige Informationen zu erheben. Dazu eignen sich, vor allem zu Beginn eines Mitarbeitergesprächs, direkte Fragen wie die folgenden:

- Wie kommen Sie im Team miteinander klar?
- Wann fängt die neue Kollegin an?
- Wie haben sich unsere Verkaufszahlen in den letzten zwei Wochen entwickelt?
- Welche Konditionen haben Sie Herrn Müller angeboten?
- Wer sind in unserem Hause die Experten für Vietnam?
- Wie gefällt Ihnen die neue Unternehmenspräsentation?

Problemfragen

Problemfragen zielen darauf ab, herauszufinden, warum etwas nicht so funktioniert, wie es sollte. Das kann, beispielsweise im Rahmen von Fehleranalysen und Lessons Learned, eine hilfreiche Vorgehensweise sein. Doch sollte man darauf achten, Problemfragen gezielt und nur für einen bestimmten Gesprächsabschnitt zu nutzen. Denn sonst verharrt man allzu leicht in der Problematik selbst, anstatt Lösungen zu finden. Beispiele für Problemfragen sind:

- Wo genau liegen die Schwierigkeiten bei dieser Aufgabe?
- Warum kommen Sie bei diesem Projekt nur so langsam voran?
- Warum müssen wir die Produktpräsentation verschieben?
- Wie konnte es zu diesem Fehler kommen?
- Warum haben Sie den Kunden missverstanden?

Schuldfragen

Schuldfragen sind die Zuspitzung von Problemfragen und dienen dazu, den Verantwortlichen und seine Defizite zu identifizieren. Dieser Fragetyp sollte bis auf wenige Ausnahmen keine Verwendung in Mitarbeitergesprächen finden. Denn, so sagt ein japanisches Sprichwort: »Löse das Problem, nicht die Schuldfrage.« Hier einige Beispiele für Schuldfragen, die vielleicht kurzfristig Klarheit schaffen, aber das weitere Gespräch mit ziemlicher Sicherheit erschweren werden:

- Der Vorstand ist nicht rechtzeitig informiert worden. Geht dieses Versäumnis auf Ihr Konto?
- Wer hat vergessen, den Projektantrag zu stellen?
- Wem ist dieser Fehler unterlaufen?
- Haben Sie vergessen, das neue Update zu installieren?

Lösungs- und Ressourcenfragen

Lösungs- und Ressourcenfragen lenken die Aufmerksamkeit auf den gewünschten Zielzustand und den Weg dorthin. Durch sie entsteht in der Regel eine konstruktive Aufbruchstimmung, die die Lösungsfindung und Zielerreichung erleichtert. Hier einige Beispiele:

- Wie kommen wir da weiter?
- Wie haben wir das beim letzten Mal hinbekommen?
- Wie könnte eine gute Lösung aussehen?
- Wodurch sind wir der Lösung bisher schon näher gekommen?
- Was würde eine sehr gute von einer guten Lösung unterscheiden?
- Einmal angenommen, wir hätten die Lösung schon gefunden, was sind die nächsten Schritte?
- Was können wir tun, um den Zeitplan zu halten?
- Wer könnte uns bei diesem Projekt am besten unterstützen? Wen würden Sie mit ins Team holen?
- Welche Fähigkeit würde unser Team jetzt weiterbringen?
- Wenn das für irgendetwas gut war, was könnte das sein?
- Was können wir daraus lernen?

2.3 Gesprächsleitfaden

Die nächsten Kapitel geben Ihnen einen strukturierten Überblick über die wichtigsten Arten von Mitarbeitergesprächen im Tagesgeschäft sowie im Personallebenszyklus. Die einzelnen Leitfäden sind nach einem einheitlichen Schema gegliedert, an dem Sie sich auch in Ihrer eigenen Gesprächspraxis gut orientieren können. Aufgrund der unterschiedlichen Zielrichtung der betreffenden Gesprächsarten sind die einzelnen Gliederungspunkte in den Leitfäden jeweils unterschiedlich stark gewichtet.

Einleitung
Hier finden Sie Wissenswertes über den Anlass, Sinn und Zweck des jeweiligen Mitarbeitergesprächs.

Zeitpunkt, Frequenz und Dauer
In diesem Abschnitt steht alles Wichtige zum Timing der Gespräche.

Fragen zur Gesprächsvorbereitung
Gründliche Vorbereitung ist der halbe Erfolg. Die Fragenkataloge und Checklisten in diesem Abschnitt unterstützen Sie dabei, die relevanten Punkte im Blickfeld zu haben und bestmöglich ins Gespräch zu starten.

Gesprächsverlauf
Hier finden Sie Hinweise zur Gesprächsdramaturgie, zu den Gesprächsabschnitten und zur Reihenfolge der relevanten Themen.

Navigationsfragen
Mitarbeitergespräche leben von guten Fragen. Hier finden Sie Anregungen, die Sie eins zu eins oder als Basis für Ihre individuellen Fragen nutzen können.

Kernaussagen
Hier finden Sie Beispiele und Musterformulierungen für wichtige Aussagen, die recht häufig in dem jeweiligen Gesprächstyp zur Anwendung kommen.

Kommunikationsklippen

Sofern erforderlich, erklärt dieser Abschnitt, mit welchen Kommunikationshindernissen und Fallstricken Sie bei der betreffenden Gesprächsart rechnen sollten und wie Sie diese umgehen.

Einwandbehandlung

Wo es sich anbietet, zeigt dieser Abschnitt, wie Sie typische Einwände gegen die Kernaussagen konstruktiv und lösungsorientiert aushebeln.

Nächste Schritte

Wo es sich anbietet, erhalten Sie Hinweise auf sinnvolle nächste Schritte, um den Gesprächserfolg langfristig zu sichern.

3 Mitarbeitergespräche im Tagesgeschäft

Eine solide Kommunikationsbasis im Arbeitsalltag ist das Rückgrat gelungener Mitarbeiterführung. Zudem erleichtert eine kontinuierliche Regelkommunikation diejenigen Mitarbeitergespräche, die etwas anspruchsvoller in der Durchführung sind oder aus außerordentlichem Anlass stattfinden. Manche Ad-hoc-Gespräche werden sich vielleicht sogar ganz erübrigen. Hier geht es also zunächst um die notwendigen, allerdings oft unterschätzten Routine- oder »Brot-und-Butter-Gespräche« im Tagesgeschäft, im Einzelnen um die folgenden Gesprächstypen:

- Einzelgespräche,
- Teambesprechungen,
- Arbeitsaufträge und Delegierung,
- Positives Feedback und Lob,
- Kritisches Feedback und Ermahnung.

In dieser Gliederung können sich Einzel- und Teambesprechungen, also die formalen Kategorien von Mitarbeitergesprächen, sowie Arbeitsaufträge und Feedback, also die inhaltlichen Kategorien von Mitarbeitergesprächen, durchaus überschneiden. So wird zum Beispiel Feedback immer einen gewissen Raum auch in den anderen Gesprächsarten einnehmen.

3.1 Einzelgespräche

Zusammen mit den Teambesprechungen sind regelmäßige terminierte Einzelgespräche das wichtigste Instrument der Mitarbeiterführung, das einer Führungskraft im Tagesgeschäft zur Verfügung steht. Schon die Gewissheit, dass in einem meist übervollen Alltag für die eigenen Anliegen ein fester, geplanter Termin zur Verfügung steht, bietet allen Beteiligten große Vorteile. Wie auf einen Leuchtturm steuern die Kommunikationsströme geordnet auf diesen Termin zu und der Bedarf nach dringenden, kurzfristigen Gesprächen sinkt spürbar. Der Kommunikationsalltag wird entlastet.

Zudem steigt die Gesprächsqualität, denn auf geplante Gespräche können sich alle Teilnehmer besser vorbereiten. Es fällt weniger unter den Tisch und es können mehr gemeinsame Ideen entstehen. Nicht zuletzt wächst durch regelmäßige Gespräche das beiderseitige Vertrauen, wesentliche Voraussetzung eines produktiven Miteinanders.

Der Führungskraft bietet das Einzelgespräch eine gute Gelegenheit, sich einen fundierten und strukturierten Überblick über den aktuellen Arbeitsstatus und die Befindlichkeit des Mitarbeiters zu verschaffen. Sie hat zudem die Möglichkeit, Feedback zu geben und individuelle Themen wie beispielsweise Weiterbildungsmaßnahmen anzusprechen.

Der größte Mehrwert für den Mitarbeiter besteht in dem festen Termin, der ihm für das Einzelgespräch mit seiner Führungskraft zur Verfügung steht, und in der Aufmerksamkeit, die ihm die Führungskraft damit zollt. Denn gerade eine bessere Erreichbarkeit von Führungskräften und ein gesteigertes Interesse am Mitarbeiter sind im Alltag häufig genannte Wünsche von Mitarbeitern. Außerdem hat der Mitarbeiter die Sicherheit, dass er seine Anliegen stets zeitnah besprechen kann.

Zeitpunkt, Frequenz und Dauer

Die Taktung der Einzelgespräche hängt in hohem Maße von der Rolle des Mitarbeiters sowie von den aktuellen Rahmenbedingungen ab. Als Faustregel gilt: Je anspruchsvoller, individueller und komplexer die Tätigkeit des Mitarbeiters ist, desto häufiger sollten die Einzelgespräche stattfinden. Einmal pro Woche bis einmal pro Monat ist ein guter Anhaltspunkt für Bürotätigkeiten; im gewerblichen Bereich kann einmal alle ein bis zwei Monate eine tragfähige Basis bilden. Am besten probieren Sie die für einzelne Mitarbeitergruppen geeignete Frequenz selbst aus.

Es ist empfehlenswert, Einzelgespräche je nach Mitarbeitergruppe mit einer halben bis einer Stunde zu terminieren; je komplexer die Aufgabe des Mitarbeiters, desto länger die Gesprächsdauer. Sollten alle Inhalte vor Ablauf der vereinbarten Zeit besprochen sein, kann das Gespräch natürlich jederzeit beendet werden. Diese Vorgehensweise ist einer möglichen Verlängerung vorzuziehen, da sie den Grad an Verbindlichkeit und Termintreue erhöht.

Fragen zur Gesprächsvorbereitung

- Was ist Ihnen generell seit dem letzten Gespräch am Verhalten oder der Leistung des Mitarbeiters aufgefallen?
- Welche Rückmeldung haben Sie von anderen zu Ihrem Mitarbeiter bekommen?
- Mit welchen Leistungen des Mitarbeiters waren Sie zufrieden?
- Welche Stärken hat er gezeigt?
- Was wäre eine passende weitere Aufgabe für den Mitarbeiter, durch die er seine Stärken weiter ausbauen kann?
- Mit welchen Leistungen waren Sie weniger zufrieden?
- Wie ließe sich diese Leistung optimieren?
- Wie würden Sie die Leistung des Mitarbeiters auf einer Skala von 1 bis 10 bewerten?
- Gibt es Verhaltensweisen des Mitarbeiters, die Ihnen positiv oder negativ aufgefallen sind?
- Wie schätzen Sie die Entwicklung des Mitarbeiters in Ihrem Bereich und im Unternehmen aktuell ein?
- Welche Punkte wollen Sie von sich aus ansprechen?
- Welche Themen wird der Mitarbeiter Ihrer Erwartung nach ansprechen?

Gesprächsverlauf

Gibt es keine besonderen Vorkommnisse, ist eine Gesprächssteuerung empfehlenswert, die dem Mitarbeiter die inhaltliche Ausgestaltung zu großen Teilen überlässt. Die Führungskraft gibt durch ihre Impulsfragen lediglich die Richtung und Struktur des Gesprächs vor.

Ein wesentlicher Themenblock ist die Besprechung der aktuellen Arbeitsleistung des Mitarbeiters. Hierzu bietet es sich an, ihn zunächst nach den Bereichen zu befragen, die gut laufen; im Anschluss nach Dingen, die weniger gut funktionieren. Durch diese Vorgehensweise bringt die Führungskraft dem Mitarbeiter Vertrauen entgegen.

Im weiteren Gesprächsverlauf ist es die Aufgabe der Führungskraft, die Ausführungen des Mitarbeiters situativ zu validieren, zu präzisieren und um eigene Beobachtungen zu ergänzen, die durchaus über die Aussagen des Mitarbeiters hinausgehen oder im Widerspruch dazu stehen können.

Navigationsfragen

- Was gibt es seit unserem letzten Gespräch Neues?
- Liegt etwas besonders Dringendes und Wichtiges an?
- Wie ist die Stimmung im Team?
- Wie ist der Stand der Dinge bei Ihrem Projekt?
- Was läuft aktuell gut?
- Wo gibt es vielleicht Schwierigkeiten?
- Welche Themen gibt es von Ihrer Seite noch (z. B. Zusammenarbeit im Team, Weiterbildung)?

Kernaussagen

- Da bin ich ganz bei Ihnen, das ist wirklich gut gelaufen.
- Das freut mich, dass das so gut läuft.
- Diese Punkte müssen wir in Angriff nehmen.
- In diesem Punkt bin ich mir nicht so sicher, von den Kollegen habe ich ein anderes Feedback bekommen.

Kommunikationsklippen

Haben sich erst einmal alle Beteiligten an das Gesprächsformat gewöhnt, laufen diese Einzelgespräche in aller Regel sehr positiv. Lediglich in der Startphase kann es sein, dass Mitarbeiter verwundert reagieren, weil sie die Notwendigkeit eines weiteren festen Termins nicht sehen. In diesen Fällen kann eine Formulierung wie die folgende die Einführung erleichtern: »Ich habe mir überlegt, wie wir unsere Abstimmung noch besser organisieren können, und werde mich deshalb ab sofort alle zwei Wochen zu einem Einzelgespräch mit Ihnen zusammensetzen.«

Nach zwei bis drei Durchgängen wird auch das Feedback der skeptischen Mitarbeiter eher positiv sein. Nicht selten bekommen Führungskräfte, die regelmäßige Einzelgespräche eingeführt haben, folgende Rückmeldung: »Ich habe Einzelgespräche ja für überflüssig gehalten, aber jetzt habe ich erst gemerkt, was vorher gefehlt hat.«

3.2 Teambesprechungen

Teambesprechungen sind die zweite wichtige Säule der Regelkommunikation. Sie dienen dem effizienten Informationsaustausch, sind eine gute Plattform, um neue Ideen zu generieren, voneinander zu lernen und Erfolge zu feiern, vereinfachen die Koordination und stärken nicht zuletzt das Zusammengehörigkeitsgefühl. Bei dieser Menge an Vorteilen verwundert es schon, dass Teambesprechungen mitunter als notwendiges Übel mehr geduldet als geschätzt werden. Mit den nachfolgenden Gestaltungshinweisen sollte sich das ändern.

Zeitpunkt, Frequenz und Dauer

Wie bei Einzelgesprächen auch variiert die Frequenz von Teambesprechungen je nach Zielgruppe und aktueller Situation. Weit verbreitete Standards sind (zwei-)wöchentliche und monatliche Termine, oft im Wechsel mit den Einzelgesprächen. Aber auch tägliche, kurze Meetings können in vom aktuellen Geschehen getriebenen Bereichen sinnvoll sein.

Eine Stunde bis anderthalb Stunden sind je nach Themenfülle und bei guter Vorbereitung ausreichend, um eine erfolgreiche Teambesprechung durchzuführen. Eine Dauer von zwei Stunden sollte nur in Ausnahmenfällen erreicht oder gar überschritten werden. In solchen Fällen empfiehlt sich meist die Ausgliederung zeitintensiver Inhalte.

Fragen zur Gesprächsvorbereitung

- Welche Informationen wollen Sie an das Team weitergeben?
- Welche Informationen sollen Ihre Mitarbeiter beitragen?
- In welchen Punkten muss eine organisatorische Abstimmung erfolgen?
- Zu welchen Themen wollen Sie Ideen oder die Meinung des Teams einholen?
- Welche Punkte sollen in der Besprechung entschieden werden?
- Welche Erfolge wollen Sie vorstellen (lassen)?
- Welcher Mitarbeiter könnte zu welchem Thema einen Beitrag leisten?
- Bei welchen Themen ist es empfehlenswert, eine (bilaterale) Abstimmung vor dem eigentlichen Teamtreffen zu initiieren?

Gesprächsverlauf

Eine klare, wiederkehrende Besprechungsstruktur mit festen Bausteinen erleichtert die Durchführung von Meetings sehr. Sinnvoll sind zum Beispiel die folgenden Tagungsordnungspunkte:

- Information des Teams über neue Entwicklungen,
- Vorstellung von Aufgaben und Projekten durch die Mitarbeiter,
- Kurze Schulung durch die Führungskraft oder die Mitarbeiter,
- Treffen von Entscheidungen,
- Sammeln von Ideen und Meinungen,
- Raum für Anliegen der Mitarbeiter,
- Feiern von Erfolgen,
- Einladung und Gastbeiträge von (internen) Kunden.

Die oben genannten Themen legen nahe, dass die Mitarbeiter intensiv in die Gestaltung der Besprechung eingebunden werden. Auch die Führungskraft liefert ihren Beitrag, agiert jedoch über Strecken lediglich als Moderator.

Kernaussagen und Navigationsfragen

- Zunächst informiere ich Sie wie immer über aktuelle Angelegenheiten im Unternehmen.
- Besonders herausstellen möchte ich den schönen Erfolg von Herrn Müller und Frau Schmidt. Ein großes Danke dafür. Bitte beschreiben Sie uns, wie Sie vorgegangen sind und was aus Ihrer Sicht die Erfolgsfaktoren waren.
- Heute stellt uns Frau Mayer ihr aktuelles Projekt vor. Da gibt es, glaube ich, eine ganze Menge für uns zu lernen.
- Hier möchte ich heute eine Entscheidung treffen. Lassen Sie uns noch einmal kurz die Argumente dafür und dagegen sammeln. Und dann kommen wir zur Abstimmung.
- Wer möchte von einem Erfolg oder guten Ergebnis berichten?
- Wer braucht den Input des Teams für eine aktuelle Fragestellung?
- Ich bin an Ihrer Meinung zu dieser Frage interessiert: Wie schätzen Sie diesen Vorschlag ein?
- Welche Themen sind Ihnen heute sonst noch wichtig?

Kommunikationsklippen

Bei Teambesprechungen gibt es eine ganze Reihe von Kommunikationsklippen, die Sie aber leicht umschiffen können:

Wenn mehrere Beteiligte zusammentreffen, ist Pünktlichkeit von besonderer Bedeutung. Es kostet die Zeit aller, zeugt von mangelnder Wertschätzung und macht einfach keinen Spaß, wenn Teilnehmer regelmäßig verspätet erscheinen, und sei es auch nur ein paar Minuten. Neben klaren Spielregeln hat es sich bewährt, zumindest zu Lernzwecken, die Tür des Besprechungsraums zu schließen, sollte das Zuspätkommen überhandnehmen.

Viele Teambesprechungen werden aus dem Stegreif moderiert. Die Wahrscheinlichkeit ist insbesondere bei komplexen Themen hoch, dass das nicht funktioniert und zu unnötigem Stress führt. Deshalb empfiehlt es sich, einzelne Themen vorzubereiten und die wichtigsten Statements und Fragen vorzuformulieren.

Bei Besprechungen mit mehreren Beteiligten sind Struktur und Übersichtlichkeit das A und O. Fehlt eines von beiden Elementen, hat der Leiter des Meetings alle Hände voll zu tun, die Beteiligten wieder einzufangen und auf Kurs zu halten. Deshalb empfiehlt es sich, eine vorbereitete Agenda vorzustellen (Flipchart) und neue Gesprächspunkte jeweils explizit einzuleiten. Ebenso sollten die einzelnen Themen offiziell abgeschlossen werden.

Häufig ist zu beobachten, dass der Leiter eines Meetings quasi als Alleinunterhalter fungiert. Die Führungskraft müht sich nach Kräften und das Auditorium versinkt, wenn nicht im Tiefschlaf, so doch in bequemer Teilnahmslosigkeit. Das ist wenig zielführend und für alle überaus anstrengend. Eine klare Rollen- und Aufgabenverteilung beugt dem vor. Ebenso eine klare Strukturierung der einzelnen Besprechungsabschnitte und eine gute Fragetechnik.

Nur wenn den Teilnehmern klar ist, was von ihnen gewünscht wird, können sie darauf eingehen. Deshalb empfiehlt es sich, klar zu formulieren, was man gerade von seinen Mitarbeitern erwartet: Sollen sie Informationen aufnehmen, ihre Ideen oder Erfahrungen beisteuern, etwas entscheiden, Kritik üben, einen individuellen Beitrag leisten? Für den Leiter des Meetings sollte es ein Leichtes sein, seine jeweilige Erwartung kurz zu formulieren.

Teambesprechungen können in ein großes, mehr oder weniger lautstarkes Durcheinander ausarten: Jeder spricht, wann und wozu er möchte. Dagegen hilft neben einer klaren Struktur (siehe oben) eine straffe Moderation nach festen Spielregeln, die einzelnen Gesprächsteilnehmern das Wort erteilt und dafür sorgt, dass alle Teilnehmer ausreden können.

Ebenfalls in diese Richtung geht eine übergroße Freude der Teilnehmer am gegenseitigen Kritisieren. Um dem entgegenzuwirken, ist es hilfreich, Blöcke in die Besprechung einzubauen, in der die Kritik von Mitarbeitern zu einzelnen Punkten gezielt abgefragt wird. Auf diese Weise sind die Mitarbeiter versichert, dass auch kritische Gedanken ihren Platz haben, und die übrigen Tagungsordnungspunkte werden davon entlastet.

3.3 Arbeitsaufträge und Delegierung

Arbeitsaufträge gekonnt zu erteilen und Aufgaben klar zu delegieren, bildet die Voraussetzung für eine hohe Qualität der Arbeitsergebnisse. Wird an dieser Übergabestelle von Führungskraft zu Mitarbeiter gründlich und präzise kommuniziert, erleichtert das die Arbeit in der gesamten nachfolgenden Wertschöpfungskette. Die dabei aufgewendete Gesprächszeit wird mehr als wieder eingespart, denn der Grad der Selbstständigkeit des Mitarbeiters steigt und die Notwendigkeit von Rückfragen nimmt ab. Zudem steigt auch die Wahrscheinlichkeit, dass die Arbeitsergebnisse den Erwartungen der Führungskraft schon im ersten Durchlauf entsprechen.

Zeitpunkt, Frequenz und Dauer

Das Erteilen von Arbeitsaufträgen und die Delegierung von Aufgaben erfolgt nach Bedarf. Bei kleineren Aufgaben kann das im Rahmen des ohnehin terminierten Einzelgesprächs oder eines kurzen Ad-hoc-Termins stattfinden. Bei größeren Aufgaben und Projekten empfiehlt es sich meist, einen separaten Termin zu vereinbaren.

Die Dauer richtet sich nach der Komplexität der Aufgabe und der Erfahrung des Mitarbeiters. Fünf Minuten können bei einfachen Aufgaben voll und ganz ausreichen. Insbesondere bei Aufgaben, deren Umsetzung mehrere Möglichkeiten zulässt, sollte neben dem Briefing deutlich mehr Zeit für ein erstes gemeinsames Brainstorming und die Klärung von Fragen eingeplant werden. Das kann bei anspruchsvollen Aufgaben schon einmal eine Stunde oder länger dauern.

Fragen zur Gesprächsvorbereitung

- Wozu dient die Aufgabe? Was soll erreicht werden? Warum ist die Aufgabe wichtig?
- Aus welchen Gründen haben Sie sich für diesen Mitarbeiter entschieden? Was könnte für den Mitarbeiter an der Aufgabe interessant und/oder herausfordernd sein? Welche Aspekte der Aufgabe könnten ihm nicht so gut gefallen? Aus welchen Gründen?
- Welche Teile der Aufgabe wird der Mitarbeiter wahrscheinlich routiniert erledigen können? Wo braucht er vielleicht Unterstützung? Wo bietet die Aufgabe ein Lernfeld?
- Welche Priorität hat die Aufgabe, besonders im Vergleich zu anderen aktuellen Aufgaben des Mitarbeiters? Welche Aufgaben kön-

nen eventuell hintenangestellt werden? Welchen Zeitpuffer wollen Sie einplanen?

- Wie lässt sich das geforderte Ergebnis (nicht die Aufgabe) möglichst genau beschreiben, beispielsweise anhand der SMART-Kriterien?
- Wie unterscheiden Sie ein sehr gutes von einem guten Ergebnis? Welche Ergebnisqualität würde Ihren Erwartungen nicht mehr genügen?
- Haben Sie schon konkrete Vorstellungen, wie das Ergebnis zu erreichen ist? Ginge es auch anders?
- Welchen Grad der Freiheit und Verantwortung bei der Umsetzung können Sie dem Mitarbeiter übertragen?
- Welche spezifischen Rahmenbedingungen sind zu berücksichtigen, beispielsweise die Abstimmung mit anderen Bereichen? Über welche Erfordernisse müssen Sie den Mitarbeiter explizit informieren?
- Welche Meilensteine wollen Sie zum weiteren Austausch und zur Überprüfung des Arbeitsfortschritts einplanen?

Gesprächsverlauf

Das Gespräch ist im Wesentlichen von zwei Phasen geprägt: der eigentlichen Auftragsübergabe und der anschließenden Besprechung der Umsetzung. Gerade bei anspruchsvollen Aufgaben trägt dieser zweite Teil entscheidend zur Ergebnisqualität bei.

Kernaussagen

- Bitte stellen Sie einen Überblick über X zusammen; besonders wichtig sind mir dabei die Aspekte 1, 2 und 3. Ich denke, das sollte bis Ende der Woche möglich sein.
- Unser Kunde braucht dringend einen neuen Vorschlag für X. Sie haben damit ja schon viel Erfahrung, deshalb denke ich, Sie können das am besten ausarbeiten. Lassen Sie uns doch gleich einmal zusammensetzen und erste Ideen diskutieren.
- Bei dieser Aufgabe geht es mir vor allem um die Geschwindigkeit. Deshalb wäre es mir lieb, wenn wir einen ersten Entwurf schon heute besprechen können, auch wenn er noch nicht perfekt ist.
- Es ist mir besonders wichtig, dass wir alle verfügbaren Ideen zu diesem Thema sammeln. Nehmen Sie sich bitte die Zeit, die relevanten Ansprechpartner im Haus zu kontaktieren. Bitte kommen Sie doch kurzfristig mit einem Zeitplan auf mich zu.

- Ich erwarte Ihre ersten Ideen respektive das Grobkonzept bis übermorgen.
- Mir ist es wichtig, dass diese Aufgabe bis Ende des Monats erledigt ist.

Navigationsfragen
- Welche Ideen haben Sie schon zur Umsetzung?
- Auf welche Erfahrung können wir hier zurückgreifen?
- Wo sehen Sie mögliche Schwierigkeiten?
- Wie wollen Sie damit umgehen?
- Gibt es jemanden, der sich mit dieser Technik auskennt?
- Welche Informationsquellen können wir noch nutzen?
- Wen könnten Sie zur Unterstützung hinzuziehen?
- Wie passt die Aufgabe in Ihren aktuellen Arbeitsplan?
- Bis wann, meinen Sie, können Sie damit fertig sein?
- Welche Fragen haben Sie noch zu dieser Aufgabe?

Einwandbehandlung
Mit den Fragen zur Gesprächsvorbereitung räumen Sie wahrscheinlich schon im Vorfeld eine ganze Reihe von potenziellen Einwänden aus dem Weg, insbesondere bezüglich häufig genannter Aspekte wie (zeitliche) Ressourcen, Auslastung und Fähigkeiten des Mitarbeiters. Hier dennoch einige Ideen für den Umgang mit Einwänden:
- Das kann ich unmöglich bis zu diesem Termin schaffen.
  ➤ Ich denke schon, dass das machbar ist, und möchte an dem Termin festhalten. Aber lassen Sie uns doch einen Zwischentermin vereinbaren, an dem wir gemeinsam schauen, wie Sie vorankommen. Bis wann, denken Sie, können Sie Teil A und B fertig haben?
- Das würde ich wirklich gern machen, aber ich habe gerade so viele andere Aufgaben auf dem Schreibtisch.
  ➤ Gut, dann lassen Sie uns schauen, welche Aufgaben Priorität haben. So weit ich weiß, haben Sie ja aktuell A, B und C auf dem Tisch. Ich denke, wenn Sie B eine Woche nach hinten schieben, sollten Sie genügend Zeit für die neue Aufgabe haben. An den anderen Prioritäten möchte ich erst einmal nichts ändern.
- Das habe ich noch nie gemacht, da muss ich mich erst mal einarbeiten.
  ➤ Ich habe auch den Eindruck, dass einige der Aufgaben neu für Sie sind, andere allerdings nicht. Wo genau sehen Sie denn Bedarf, sich einzuarbeiten? Und wie wollen Sie vorgehen?

- Kann das nicht jemand anderes machen? Ich habe im Moment wirklich Wichtigeres zu tun.
  ➤ Ich kann verstehen, dass Sie nicht begeistert sind von dieser Aufgabe. Allerdings muss auch diese Arbeit gemacht werden und jeder im Team ist einmal an der Reihe, diesmal sind Sie es.
- Ich glaube nicht, dass das funktioniert.
  ➤ Was genau funktioniert daran Ihrer Meinung nach nicht? Und welchen alternativen Vorschlag haben Sie?

Kommunikationsklippen

Vielleicht gerade, weil das Erteilen und Delegieren von Arbeitsaufträgen zur Führungsroutine gehört, ist immer wieder zu beobachten, dass nicht mit der notwendigen Klarheit und Genauigkeit kommuniziert wird. Dieses Phänomen kann dadurch verstärkt werden, dass Führungskräfte und Mitarbeiter, die schon lange zusammenarbeiten, oftmals still davon ausgehen, schon zu wissen, was der andere gerade meint, auch wenn es nicht explizit gesagt wird. Doch meist hat jede Seite so ihre eigenen Vorstellungen davon, was tatsächlich gemeint ist, und die sind mitunter eben nicht deckungsgleich.

Sollte es häufiger vorkommen, dass Arbeitsaufträge nicht zu Ihrer Zufriedenheit erledigt werden, hilft es weiter, die Kommunikationsqualität und das Briefing im Rahmen der Übergabe zu verbessern, beispielsweise mit den Fragen zur Gesprächsvorbereitung in diesem Kapitel.

3.4 Positives Feedback und Lob

Dieses Kapitel will Sie animieren, Ihren Mitarbeitern öfter mal ein kurzes Lob auszusprechen und auch ausführliche Feedbackgespräche häufiger zu führen. Denn über eine qualifizierte, anerkennende Rückmeldung zur eigenen Leistung freut sich jeder. Und letztlich besagt ein positives Feedback für den Mitarbeiter ja auch, dass die Führungskraft ihre Aufgabe gut gemacht hat, sei es bei der Auswahl von Mitarbeitern, bei deren Einsatz oder Weiterentwicklung.

Zum einen wird positives Feedback viel zu selten erteilt. Mancherorts gilt immer noch der Satz: »Nicht gemeckert, ist genug gelobt.« Und im Zweifelsfall bezieht der Mitarbeiter ja ein gutes Gehalt, mit dem gute Leistungen abgegolten zu sein haben.

Zum anderen wird positives Feedback in seinen Möglichkeiten bei Weitem nicht ausgeschöpft. Anstatt über gute und sehr gute Leistungen intensiv ins Gespräch zu kommen, lässt man es oft schon bei einem knappen »gut gemacht« bewenden. Damit ist zwar der vordergründige Zweck positiven Feedbacks erfüllt, nämlich dem Mitarbeiter zu signalisieren, dass er einen guten Job gemacht hat. Doch der differenzierte Austausch über die Leistungen des Mitarbeiters und die dahinter liegenden Stärken bringt deutlich mehr: Durch die gemeinsame Analyse werden Erfolge leichter replizierbar, der Mitarbeiter steigert durch die bessere Kenntnis seiner Stärken (bei Weitem keine Selbstverständlichkeit) seine Erfolgszuversicht, Qualitätsmaßstäbe werden transparent, Lernfelder identifiziert und die Führungskraft erhält einen besseren Überblick über die in ihrem Bereich vorhandenen Talente.

In Feedbackgesprächen, wie in vielen der hier vorgestellten Gespräche, geht es immer auch um eine systematische Analyse, Beurteilung und Dokumentation der Mitarbeiterleistung.

Auf **www.sage.de/hr-wissen2** steht Ihnen eine Checkliste mit Kernkompetenzen zur Verfügung. Damit haben Sie es deutlich einfacher, transparente Leistungskriterien zu definieren sowie die Leistungen Ihrer Mitarbeiter zu erfassen und zu vergleichen.

Lob

Das Lob ist der schnelle Anerkennungs-Snack für zwischendurch, um durchaus auch »nur« gute Leistungen anzuerkennen. Wenn Ihnen eine gute Leistung oder ein vorbildliches Verhalten eines Mitarbeiters auffällt, lässt es sich schnell aussprechen, erfordert wenig bis keine Vorbereitung und ist in seiner Wirkung trotzdem stark. Diese Wirkung lässt sich noch steigern, indem Sie den betreffenden Mitarbeiter öffentlich loben, beispielsweise im Rahmen einer Team- oder Abteilungsbesprechung. Zwei Bestandteile machen ein Lob besonders authentisch: Ihre persönliche Einschätzung der Leistung (finde ich gut, gefällt mir) sowie deren genaue Beschreibung (klasse, wie souverän Sie mit den Einwänden umgegangen sind, wie Sie das Projekt vorangetrieben haben).

Zeitpunkt, Frequenz und Dauer

Immer, wenn ein Mitarbeiter eine gute Leistung zeigt, und am besten, sobald Sie diese bemerkt haben. Die Dauer ist kurz, denn ein Lob muss nicht mehr als ein bis zwei Sätze umfassen.

Fragen zur Gesprächsvorbereitung

- Inwiefern ist die Leistung oder das Verhalten des Mitarbeiters anerkennenswert?
- Wann haben Sie den Mitarbeiter zuletzt (öffentlich) gelobt?
- Reicht ein kurzes Lob oder lohnt es sich, den Erfolg genauer unter die Lupe zu nehmen?

Kernaussagen

- Prima, das ist Ihnen gut gelungen.
- Danke, dass es so schnell geklappt hat.
- Gut, dass Sie im Meeting mit dabei waren. Ihre Argumente haben alle überzeugt.
- Ihnen allen ein großes Dankeschön für die gute Leistung. Den Auftrag haben wir.
- Danke, dass Sie so kurzfristig eingesprungen sind. Das hat uns sehr geholfen.
- Gut, dass Sie sich des Themas noch einmal angenommen haben. Es sind doch noch einige wichtige Aspekte hinzugekommen.
- Ich freue mich, dass Sie mit im Team sind. Ihre Ideen haben uns ein gutes Stück vorangebracht.

- Es hat mir gut gefallen, wie Sie die neuen Kollegen in die Diskussion eingebunden haben.

Positives Feedbackgespräch

Das positive Feedbackgespräch geht deutlich über das Lob hinaus, sowohl zeitlich als auch inhaltlich. Es dient neben der Anerkennung guter Leistung auch dazu, über die geltenden Qualitätsmaßstäbe ins Gespräch zu kommen. Vor allem eignet es sich, um sehr guten und herausragenden Ergebnissen auf den Grund zu gehen und so die Stärken und Talente des Mitarbeiters gemeinsam mit ihm zu identifizieren und weiterzuentwickeln.

Einen Schwerpunkt des Gesprächs bildet dabei ein Thema, das oft für selbstverständlich gehalten und deshalb nicht hinreichend diskutiert wird: diejenigen Aufgaben, die dem Mitarbeiter leichtgefallen sind, für die er ein besonderes »Händchen« hat. Denn gerade dahinter verbergen sich Talente. Weitere Schwerpunkte des Gesprächs bilden die Herausforderungen einer Aufgabe und die Lernerfahrungen, die der Mitarbeiter gemacht hat.

Zeitpunkt, Frequenz und Dauer

Wann immer ein Mitarbeiter eine Leistung zeigt, die deutlich über das normale oder erwartete Maß hinausgeht, ist es lohnenswert, diesen Erfolg durch ein Feedbackgespräch anzuerkennen. Dazu reichen je nach Thema und Situation meist 15 bis 30 Minuten.

Ein positives Feedbackgespräch kann durchaus auch Teil der regelmäßig stattfindenden Einzelgespräche sein. Gerade bei außergewöhnlichen Leistungen ist es aber eine größere Anerkennung, einen separaten Gesprächstermin zu vereinbaren.

Fragen zur Gesprächsvorbereitung

- Wo lagen aus Ihrer Sicht die besonderen Herausforderungen bei der Aufgabe?
- Was genau an der Leistung des Mitarbeiters ist gut, sehr gut oder herausragend? Woran machen Sie das fest?
- Wo hat der Mitarbeiter im Vergleich zu anderen Mitarbeitern sehr gute Ergebnisse geliefert? Wo im Vergleich zu seinem bisherigen Leistungsniveau?
- Haben Sie schon erste Ideen oder Beobachtungen, auf welche Fähigkeiten, Stärken oder Talente der Erfolg zurückzuführen ist?

- Mit welchen drei Begriffen lässt sich die Leistung des Mitarbeiters am besten beschreiben?
- Sind Ihnen trotz des Erfolgs Punkte aufgefallen, in denen sich der Mitarbeiter noch verbessern könnte?
- Welche der gezeigten Stärken könnte der Mitarbeiter weiter ausbauen? Wie könnte das gehen?
- Wie könnten andere Kollegen von den Erfahrungen des Mitarbeiters profitieren?

Gesprächsverlauf

Das positive Feedbackgespräch ist im Wesentlichen durch die Fragen der Führungskraft strukturiert, die den Mitarbeiter dazu anregen sollen, das Ergebnis zunächst von sich aus einzuschätzen und seine Stärken zu benennen. Die Aufgabe der Führungskraft ist es, die Aussagen des Mitarbeiters differenziert zu bestätigen, gegebenenfalls zu korrigieren und um eigene Beobachtungen zu ergänzen. Eine wesentliche Gesprächstechnik ist die des Nachhakens, um den Erfolgen auch wirklich auf den Grund zu gehen. Weiterhin geht es um das Aufzeigen derjenigen Stärken und Fähigkeiten, die für den Erfolg maßgeblich waren.

Navigationsfragen

- Wie zufrieden sind Sie selbst mit dem Ergebnis?
- Was waren für Sie Herausforderungen bei dieser Aufgabe?
- Was ist Ihnen besonders gut gelungen, denken Sie?
- Was schätzt unser Kunde wohl am meisten am Ergebnis?
- Was an der Aufgabe hat Ihnen besondere Freude bereitet?
- Welche Aufgaben fielen Ihnen besonders leicht?
- Was waren aus Ihrer Sicht die Erfolgsfaktoren bei dieser Aufgabe?
- Welche Fähigkeiten und Stärken haben Sie eingesetzt?
- Welche Ihrer Stärken wurden durch die Aufgabe besonders gefordert?
- Gibt es Dinge, die Sie rückblickend anders machen würden?
- Was wäre vor dem Hintergrund dieser Erfahrungen aus Ihrer Sicht eine passende neue Aufgabe für Sie, woran hätten Sie Spaß?
- Würden Sie diesen Erfolg gern in unserer nächsten Teambesprechung vorstellen?

Kernaussagen

- Danke für diese gute/hervorragende Leistung. Damit haben Sie meine Erwartungen voll erfüllt/übertroffen. Unser Gespräch heute möchte ich dafür nutzen, mit Ihnen über diesen Erfolg zu sprechen. Vor allem darüber, wie Sie das erreicht haben und was wir daraus für weitere Projekte lernen können.
- Danke für das Gespräch. Klasse, dass es so gut läuft. Ich freue mich auf unsere weitere Zusammenarbeit.

Kommunikationsklippen

Für viele Mitarbeiter dürfte die ausführliche Besprechung ihrer Erfolge ungewohnt sein, für manche sogar unangenehm. Das kann dazu führen, dass Antworten zunächst eher einsilbig ausfallen. Mancher Mitarbeiter ändert auch schneller, als man sich versieht, das Thema und berichtet von seinen Schwächen. Denn darüber zu sprechen, sind die meisten Menschen gewohnt. An diesen Stellen können Sie mit wohlwollendem, beharrlichem Nachhaken und einer klaren Gesprächssteuerung dafür sorgen, dass das Gespräch im Fluss bleibt und sich in die richtige Richtung entwickelt

Einwandbehandlung

- Ich habe ja nur meinen Job gemacht.

  ➤ Ja, und zwar ziemlich gut, wie ich finde. Lassen Sie uns deshalb gemeinsam herausfinden, wie Sie dieses Ergebnis erreicht haben. Was würden Sie beispielsweise einem neuen Kollegen raten, der mit dieser Aufgabe betraut wird? Worauf müsste der besonders achten, damit es gut läuft?
- Das kann ich gar nicht so genau sagen, es ist halt einfach gut gelaufen.

  ➤ Was genau ist denn aus Ihrer Sicht gut gelaufen?
- Ich habe einfach schon viel Erfahrung mit solchen Aufgaben, das habe ich ja schon x-mal gemacht.

  ➤ Ja genau, von welchen Erfahrungswerten haben Sie denn am meisten profitiert bei dieser Aufgabe?
- Ja, das war ganz gut, aber womit ich gar nicht zufrieden bin, ist ...

  ➤ Wenn ich Sie hier unterbrechen darf – für den Moment würde ich gerne bei den Punkten bleiben, die gut gelaufen sind. Welche waren das aus Ihrer Sicht?

Nächste Schritte

Eine sinnvolle und nützliche Form der Anerkennung für gute Leistungen sind neue, anspruchsvolle Aufgaben, die es dem Mitarbeiter ermöglichen, sich fachlich und persönlich weiterzuentwickeln, seine Stärken weiter auszubauen und erkannte Lernfelder zu adressieren. Zwar wird es nicht immer von heute auf morgen möglich sein, eine passende neue Aufgabe zu identifizieren. Aber beide Gesprächsteilnehmer, Mitarbeiter und Führungskraft, sind in der Pflicht, die Augen offen zu halten und gezielt nach weiterführenden Aufgaben zu suchen.

Tipp: IT-Werkzeug für systematische Feedbackgespräche

Regelmäßige Feedbackgespräche bilden die Grundlage für ein vertrauensvolles Verhältnis zwischen Mitarbeiter und Führungskraft. Ebenso wichtig für die weitere Zusammenarbeit wie das Gespräch ist die folgende Dokumentation des Gesprächsverlaufs und der vereinbarten Ergebnisse, seien sie positiven oder negativen Ursprungs.

Das **Sage HR Personnel Management** ermöglicht es den Führungskräften Ihres Unternehmens, die Erkenntnisse, Ergebnisse und Vereinbarungen eines Feedbackgesprächs zu dokumentieren. Die HR-Abteilung kann dabei Themenschwerpunkte über Gesprächsleitfäden und Fragebögen vordefinieren und so auf die Gesprächsinhalte und -verläufe aktiv einwirken.

Die Führungskraft hat die Möglichkeit, historische Gesprächsergebnisse und Beurteilungen für folgende Gesprächsrunden aufzurufen und so an zurückliegende Vereinbarungen anzuknüpfen. Die zentrale Ablage relevanter Informationen erlaubt einen umfassenden Blick auf die Mitarbeiterhistorie, den Karriereverlauf sowie auf Weiterbildungs- und Entwicklungsmaßnahmen und unterstützt so die Gesprächsvorbereitung.

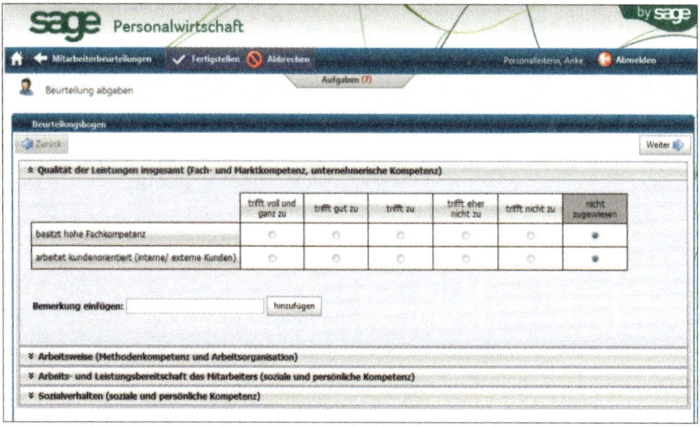

Screen: Historische Feedback- und Beurteilungsdaten eines Mitarbeiters im Self-Service-Portal von Sage HR

3.5 Kritisches Feedback und Ermahnung

Kritisches Feedback zu bekommen, ist vielen nicht sonderlich angenehm. Oft sieht es auf der Feedback gebenden Seite allerdings nicht anders aus. Und Gründe, warum man gerade kein kritisches Feedbackgespräch führen kann, sind schnell gefunden: es ist ja gar nicht so schlimm, vielleicht war es nur ein einmaliger Ausrutscher, das kann man morgen immer noch sagen und so weiter. Hat man sich dann, vielleicht nach einiger Zeit des Überlegens und Ärgerns, doch zum kritischen Feedback durchgerungen, ist der Druck oft schon so groß, dass man sich schnell im Ton vergreift. Dann wird kritisches Feedback in der Tat zu einem Gespräch, das man lieber vermeidet.

Kritik, sofern zeitnah und konstruktiv geäußert, beinhaltet das große Potenzial, aus Fehlern zu lernen und dadurch Zusammenarbeit und Ergebnisse zu optimieren. Dabei sollte das Verhältnis von positivem und negativem Feedback allerdings gewahrt bleiben und in etwa 3:1 betragen. Wenn eine Führungskraft ihren Bereich gut im Griff hat, sollte es dauerhaft gar nicht so viel zu kritisieren geben. Das wenige dann aber konsequent.

Ermahnung

Immer wieder kommt es im Arbeitsalltag zu kleineren Vorfällen, die den Erwartungen, Ansprüchen, Regeln oder Werten der Führungskraft zuwiderlaufen. In diesen Fällen ist eine kurze Ermahnung die angezeigte Form der Intervention. Diese erfordert zunächst nur geringen Aufwand, zeigt aber schnell Wirkung. Der Mitarbeiter erhält die deutliche Botschaft, dass sein Verhalten oder sein Ergebnis zu wünschen übrig lässt respektive nicht akzeptabel ist, und kann es so beim nächsten Mal anders machen. Erst wenn sich ein und dieselbe Situation häufiger wiederholen sollte, ist es Zeit für ein ausführliches kritisches Feedbackgespräch.

Zeitpunkt, Frequenz und Dauer

Damit eine Ermahnung wirkt, ist es unabdingbar, sie zeitnah auszusprechen, sobald man Kenntnis von der betreffenden Sache erlangt hat. Lässt man zu viel Zeit verstreichen, wird der Erklärungsbedarf zu groß und das Gespräch wird unangemessen lang. Mehr als zwei bis drei Sätze sollte eine Ermahnung im Normalfall nicht umfassen.

Fragen zur Gesprächsvorbereitung

- Was genau missfällt Ihnen? Aus welchen Gründen?
- Rechtfertigt das unzureichende Ergebnis oder das Fehlverhalten eine Ermahnung?
- Wollen Sie sich im Stillen ärgern oder doch lieber Klarheit schaffen und eine deutliche Ermahnung aussprechen?
- Handelt es sich eher um eine Kleinigkeit, die zum ersten oder zweiten Mal vorkommt und für die eine Ermahnung ausreichend ist? Oder ist ein längeres kritisches Feedbackgespräch angezeigt?

Navigationsfragen

Eine Ermahnung sollte keine Einladung zur Diskussion sein. Deshalb ist es hier normalerweise nicht angezeigt, mit Fragen zu arbeiten.

Kernaussagen

- Die Besprechung war für 13:00 Uhr angesetzt. Seien Sie beim nächsten Mal pünktlich oder sagen Sie vorher Bescheid, wenn es später wird.
- Bitte überarbeiten Sie das Dokument noch einmal, ich habe leider eine ganze Reihe Fehler gefunden.
- Sagen Sie mir in Zukunft rechtzeitig Bescheid, wenn Sie den vereinbarten Termin nicht einhalten können. Ich möchte mich gern auf Sie verlassen können.
- Ich dulde es nicht, dass in meiner Abteilung schlecht über Kollegen gesprochen wird. Bitte unterlassen Sie das in Zukunft.
- Ich habe eben Ihr Telefonat mit dem Kunden mitbekommen. Es wäre gut, wenn Sie ihm gegenüber beim nächsten Mal freundlicher sind.
- Bitte tragen Sie beim nächsten Kundenmeeting einen Anzug. Jeans und T-Shirt sind bei einem so wichtigen Termin absolut inakzeptabel.

Kommunikationsklippen

Erfahrungsgemäß fällt es vielen Führungskräften schwer, sich zu einer Ermahnung durchzuringen. Es handelt sich ja schließlich »nur« um eine Kleinigkeit und man will sich nicht unnötig unbeliebt machen bei den eigenen Mitarbeitern. Doch gerade hier gilt das geflügelte Wort in ganz besonderer Weise: Kleinvieh macht auch Mist. Und wenn der nicht rechtzeitig aus dem Weg geräumt wird, kann es mit der Zeit ganz schön unangenehm werden. Gerade weil es sich zunächst, zumindest in den Augen des Mitarbeiters, um eine Kleinigkeit handeln dürfte: Seien Sie klar in der Sache und bestimmt, aber verbindlich, im Ton.

Kritikgespräch bei unzureichender Leistung

Unzureichende Leistung zu kritisieren, ist eine wenig gelittene Aufgabe. Oft hört man von Führungskräften die Sorge, dem Mitarbeiter zu nahe zu treten und sich selbst dadurch womöglich unbeliebt zu machen. Sollte das Führen von Kritikgesprächen tatsächlich schwerfallen, ist es deshalb der erste Schritt, die eigene Einstellung zu überprüfen, sich klar zu machen, dass Fehler zunächst einmal etwas ganz Normales sind und dass das Ansprechen von Fehlern und Schwächen eine Lernchance darstellt.

Eine weitere Grundhaltung, die sich als Arbeitshypothese bewährt hat, ist die Unterstellung des guten Willens auf Seiten des Mitarbeiters. Die wenigsten Mitarbeiter machen bewusst Fehler oder liefern mit Absicht eine schlechte Leistung ab. Bei der Fehlerdiagnose sollte also zunächst nach Gründen des Nicht-Könnens gesucht werden, wie beispielsweise fehlende Fähigkeiten oder mangelnde Ressourcen. Erst wenn dieser Weg nicht weiterführt, ist es angezeigt, die Motivation des Mitarbeiters zu hinterfragen, also ein Nicht-Wollen in Betracht zu ziehen.

Zudem kann es hilfreich sein, unzureichende Leistungen und Fehler aus einem ganzheitlich-systemischen Blickwinkel zu betrachten. Schnell, bisweilen vorschnell, wird eine unzureichende Leistung allein dem Mitarbeiter angelastet. Er sollte die Aufgabe ja schließlich erledigen. Doch schon bei der Auftragsvergabe durch die Führungskraft an den Mitarbeiter ist die Sollbruchstelle mitunter vorprogrammiert, wenn Aufträge beispielsweise nicht detailliert genug besprochen werden oder beide Seiten kein einheitliches Verständnis von der Aufgabe haben. In der anschließenden Arbeitsphase passiert es oft genug, dass die Führungskraft den Mitarbeiter einfach »laufen« lässt, obwohl eine periodische Zwischenbesprechung und Überprüfung der Ergebnisse sinnvoll wäre. Darüber hinaus gibt es eine ganze Reihe weiterer Einflussgrößen, die es im Kritikgespräch zu ermitteln gilt.

Mit den beschriebenen Grundhaltungen und den nachfolgenden Schritten wird es Führungskräften deutlich leichter fallen, Kritikgespräche als Teil des ganz normalen Gesprächsrepertoires konstruktiv und in einem verbindlichen Ton zu führen.

Zeitpunkt, Frequenz und Dauer

Am besten lassen sich Kritikgespräche dieser Art führen, solange der Sachverhalt »frisch« ist, jeder noch genau weiß, worum es geht, und sich das zu beanstandende Leistungsniveau noch nicht als Standard etabliert hat. Doch führt man das Gespräch besser spät als nie, auch wenn der zeitliche Abstand die Gesprächsführung deutlich erschweren kann.

Da es im Gespräch erforderlich ist, der unzureichenden Leistung genauer auf den Grund zu gehen, um beispielsweise Trainingsbedarf zu ermitteln, sollte mindestens eine halbe Stunde eingeplant werden, bei sehr umfangreichen oder komplexen Aufgaben des Mitarbeiters auch mehr Zeit.

Fragen zur Gesprächsvorbereitung

- Womit genau sind Sie nicht zufrieden, beispielsweise Geschwindigkeit, Termintreue, Menge, Qualität, Innovationsgrad, Zielfokus, Eigenständigkeit, Abstimmung mit anderen?
- Wie können Sie die zu beanstandende Leistung am genauesten beschreiben (nicht bewerten), sodass der Mitarbeiter weiß, was er anders machen kann?
- Wie genau würde ein besseres Ergebnis aussehen?
- Welche Gründe vermuten Sie hinter der unzureichenden Leistung des Mitarbeiters?
- Wie genau und konkret haben Sie bei der Auftragserteilung Ihre Erwartungen kommuniziert?
- Wie gut kannte der Mitarbeiter Ihre Beurteilungskriterien?
- Was würden Sie bei der nächsten Auftragserteilung anders machen? Was im Verlauf der Aufgabe?
- Wie könnte ein Nachbessern aussehen? In welchem Zeitraum?

Gesprächsverlauf

Starten sollte das Kritikgespräch mit einer möglichst genauen Beschreibung der beanstandeten Leistung, verbunden mit der eindeutigen Bewertung durch die Führungskraft. Für weitere Maßnahmen ist es notwendig, dass über die genaue Arbeitsqualität und die Mängel Einvernehmen erzielt wird und der Mitarbeiter nachvollziehen kann respektive einsieht, warum sein Ergebnis unzureichend ist. Im nächsten

Schritt geht es dann darum, welche Konsequenzen alle Beteiligten aus der Sache ziehen und wie das Ergebnis optimiert werden kann.

Kernaussagen

- Mit diesem Ergebnis bin ich ganz und gar nicht zufrieden.
- Dieses Ergebnis entspricht nicht unserer Vereinbarung.
- In folgenden Punkten entspricht das Ergebnis nicht meinen Erwartungen: A, B, C.
- Dadurch ist es uns jetzt nicht mehr möglich ... (Folgen aufzeigen).
- Bitte korrigieren Sie das Ergebnis bis ... (Datum).

Navigationsfragen

- Wie schätzen Sie selbst Ihre Leistung ein?
- Stimmen Sie mir zu, dass dieses Ergebnis nicht unserer Vereinbarung entspricht / deutlich besser sein könnte?
- Woran lag das aus Ihrer Sicht?
- Was hat Sie bei der Arbeit behindert? Was war förderlich?
- Wie wollen Sie sicherstellen, dass so ein Fehler nicht noch einmal passiert?
- Was können Sie konkret tun, damit es beim nächsten Mal besser wird? Welche Unterstützung brauchen Sie dafür?

Einwandbehandlung

- Das können Sie mir nicht zum Vorwurf machen, das wusste ich ja nicht.
  ➤ Das verstehe ich, es geht ja auch nicht um Schuldzuweisung. Wir haben uns offensichtlich nicht optimal abgestimmt. Lassen Sie uns das jetzt nachholen und schauen, wie wir das Beste daraus machen.
- Das finde ich unfair. Ich habe mehr als zwei Wochen daran gearbeitet und jetzt auf einmal diese Kritik aus dem Nichts.
  ➤ Ich bin davon ausgegangen, dass wir dieselben Vorstellungen von dem zu erzielenden Ergebnis haben. Das war offensichtlich nicht der Fall. Und jetzt sollten wir gemeinsam überlegen, wie wir das wieder hinbekommen. Die Zeit drängt.
- Ihre Kritik finde ich überzogen, meine Lösung ist wirklich gut.
  ➤ In Ordnung. Dann lassen Sie uns beide Vorstellungen noch einmal nebeneinander stellen und die Vor- und Nachteile vergleichen. Starten wir mit Ihrem Ergebnis.

Kritikgespräch bei unerwünschtem Verhalten

Stimmt die Leistung des Mitarbeiters nicht, sind die passenden Worte schwer genug zu finden. Noch heikler wird es, wenn es um sozial unerwünschtes Verhalten geht, um die sogenannten weichen Faktoren. Hier tun sich viele Führungskräfte schwer, die Dinge beim Namen zu nennen und das unerwünschte Verhalten zu kritisieren. Denn es gibt oft keine objektiven Kriterien, an denen man dieses messen könnte.

Sozial unerwünschtes Verhalten unterminiert die Autorität einer Führungskraft besonders wirkungsvoll, wenn es nicht konsequent angesprochen und sanktioniert wird. Kann ich mir eine Reihe von Kleinigkeiten herausnehmen, mag ein Mitarbeiter unbewusst mutmaßen, wird es mit der Durchsetzungsfähigkeit des Vorgesetzten auch sonst nicht so weit her sein. Der Ansatzpunkt, die Autorität der Führungskraft zu untergraben, ist gefunden. Beispiele sind wiederholte kleinere Verspätungen, vermeintliche Flüchtigkeitsfehler, nicht tolerierbare Umgangsformen oder die ständige Überschreitung von Pausenzeiten.

Mithilfe von Zeiterfassungssystemen ist es der Führungskraft ein Leichtes, die Arbeitszeiten ihrer Mitarbeiter zu überprüfen. Erfolgt diese Überprüfung im Rahmen der arbeitsrechtlichen Bestimmungen, ist das eine gute Grundlage, um etwaige Unregelmäßigkeiten zu erkennen und gezielt gegenzusteuern. Doch gerade weil die Faktenlage vermeintlich klar ist und die Führungskraft über eindeutige Beweise verfügt, empfiehlt sich in solchen Fällen ein Vorgehen mit Bedacht, nämlich ein Klärungsgespräch.

Auf **www.sage.de/hr-wissen3** erfahren Sie, wie Sie Klärungsgespräche wegen Fehlzeiten am besten angehen.

Ein klärendes Gespräch über das unerwünschte Verhalten wirkt häufig über den eigentlichen, mitunter nichtigen Anlass hinaus. Das Machtgefüge ist wiederhergestellt, die Autorität der Führungskraft gestärkt. Beobachten Sie in den Wochen nach einem solchen Gespräch doch einmal, was sich vielleicht sonst noch in der Art der Zusammenarbeit mit dem betreffenden Mitarbeiter ändert.

Zeitpunkt, Frequenz und Dauer

Am besten sind Kritikgespräche dieser Art zu führen, solange der Sachverhalt »frisch« ist und sich das unliebsame Verhalten noch nicht eingeschliffen hat. Doch führt man das Gespräch besser spät als nie, auch wenn der zeitliche Abstand die Gesprächsführung deutlich erschweren kann.

Länger als zwanzig Minuten sollte dieses Kritikgespräch nicht dauern. Denn es geht ja zunächst um einen sehr überschaubaren und klar definierten Sachverhalt. Verkompliziert sich das Gespräch und dauert es länger, ist das meistens ein Zeichen dafür, dass der Mitarbeiter auf Nebenschauplätzen von der Thematik abzulenken versucht. Kommen Sie in diesem Fall auf den eigentlichen Gesprächsanlass zurück und überlegen Sie, ob Sie das Gespräch nicht besser beenden, sobald Sie Ihr Minimalziel erreicht haben.

Fragen zur Gesprächsvorbereitung

- Was genau stört Sie am Verhalten des Mitarbeiters?
- Wie lange geht das schon so?
- Wie ist die Entwicklung im Zeitverlauf? Wurde es besser, schlimmer?
- Aus welchen Gründen stört Sie das Verhalten des Mitarbeiters?
- Welche Auswirkungen hat das Verhalten des Mitarbeiters?
- Welche Belege können Sie anführen? Haben Sie Ihre Beobachtungen dokumentiert?
- Wieso sprechen Sie das Verhalten gerade jetzt an?
- Wie sieht das erwünschte Verhalten des Mitarbeiters aus?
- Welche Konsequenzen können und wollen Sie ziehen, um das erwünschte Verhalten einzufordern?
- Welche Vorteile hat es für Sie, das Kritikgespräch mit dem Mitarbeiter zu führen?
- Warum ist es für Sie legitim, den Mitarbeiter für sein Verhalten zu kritisieren?
- Mit welchen Gefühlen gehen Sie in das Gespräch?
- Was könnte schlimmstenfalls im Gespräch passieren? Und wie würden Sie darauf reagieren?
- Was würde passieren, wenn Sie das Kritikgespräch nicht führen?

Gesprächsverlauf

Das erste Gesprächsziel sollte sein, Einvernehmen über den Sachverhalt herzustellen. Ist dies nicht möglich, beispielsweise weil der Mitarbeiter uneinsichtig ist und Sie den Sachverhalt nicht protokolliert haben, ist das Gespräch an diesem Punkt erst einmal beendet. Ein Fehler wäre es, an dieser Stelle mit dem Mitarbeiter über den Sachverhalt zu streiten (das war aber so, nein, doch ...). Stattdessen ist es angezeigt, dem Mitarbeiter mitzuteilen, dass er in Bezug auf sein Verhalten ab sofort unter Beobachtung steht. Mitunter kann das sogar schon die Lösung des Problems sein.

Von nachgelagerter Bedeutung sind in diesem Fall die Gründe für das Fehlverhalten. Allerdings kann es sich lohnen, einmal nachzufragen: »Gibt es einen besonderen Grund für Ihr Verhalten?« Vielleicht besteht in der Tat ein wichtiger Grund und der Mitarbeiter hat sich bisher nicht getraut, seine Führungskraft darauf hinzuweisen. In solch einem (eher unwahrscheinlichen) Szenario verlagert sich der Fokus des Gesprächs auf das Informationsverhalten des Mitarbeiters und die Lösungsfindung. Auf alle Fälle sollte man darauf achten, dass sich die Diskussion nicht um die Gründe an sich dreht, sondern um das Verhalten des Mitarbeiters.

Sind sich Führungskraft und Mitarbeiter über den Sachverhalt einig, ist es meist nur noch ein kleiner Schritt dahin, sich auf das erwünschte Verhalten und mögliche Ausnahmen zu einigen. Entwickelt sich das Gespräch besonders konstruktiv, ist es sogar möglich, mehr als nur eine unmittelbare Problemlösung zu erreichen. Es kann beispielsweise ein innovativer Ansatz gefunden werden, der alle Beteiligten künftig weiterbringt.

Kernaussagen

Die folgenden Aussagen sollten wörtlich oder dem Sinn nach früh im Gespräch fallen:

- Ich habe Sie zu diesem Gespräch gebeten, weil mir seit Längerem auffällt, dass Sie die Pausenzeiten regelmäßig überziehen. Darüber möchte ich jetzt mit Ihnen sprechen.
- Es ist für mich nicht mehr akzeptabel, dass Sie ... (Fehlverhalten benennen).
- Ich erwarte von Ihnen, dass Sie ... (gewünschtes Verhalten benennen).
- Ich erwarte auch von Ihnen, dass Sie sich wie alle anderen an die vereinbarten Spielregeln halten.

Die folgenden Aussagen können gegen Ende des Gesprächs zum Einsatz kommen:

- Prima, es freut mich, dass wir so schnell eine Lösung gefunden haben. Lassen Sie uns in vier Wochen noch einmal kurz zusammensetzen, um das Thema endgültig abzuschließen.
- Gut, dann setzen wir uns in vier Wochen noch einmal zusammen und schauen uns gemeinsam an, wie es mit den Pausenzeiten klappt. Ich bin zuversichtlich, dass das Thema bis dahin vom Tisch ist.
- Da wir heute keine Einigkeit erzielen konnten, werde ich die Einhaltung Ihrer Pausenzeiten in den nächsten zwei Monaten genauer kontrollieren. Dann setzen wir uns wieder zusammen. Bitte notieren Sie sich den Termin.

Navigationsfragen

Bei einem eindeutigen Sachverhalt ist es empfehlenswert, im Wesentlichen mit Beobachtungen und Erwartungen zu arbeiten. Fragen würden dem Gespräch die Klarheit und Geradlinigkeit nehmen und dem Mitarbeiter die Möglichkeit des Ausweichens eröffnen. Lediglich die Frage nach den Gründen für das jeweilige Fehlverhalten kann hilfreich sein, sollte aber auch nicht zur freien Diskussion einladen.

Einwandbehandlung

Bei Fehlverhalten geht es unter der Oberfläche fast immer darum, wer die Spielregeln der Zusammenarbeit bestimmt, also letztlich um das Machtgefüge. Deshalb ist trotz eines in der Regel eher profanen Anlasses durchaus mit einigen Gegenargumenten zu rechnen. Nachfolgend am Beispiel einer überzogenen Mittagspause einige Kniffe zur Einwandbehandlung:

- Das stimmt doch gar nicht. Vielleicht komme ich ab und zu mal ein bisschen zu spät, aber in der Regel halte ich die Pausenzeiten doch ein.

  ➤ Das würde mich freuen, wenn ich mich da getäuscht habe. Dann lassen Sie uns das doch in den nächsten Wochen genauer beobachten, und wir setzen uns dann wieder zusammen. Sagen wir heute in drei Wochen, wieder um 14:00 Uhr.

- Bisher war das ja scheinbar immer in Ordnung, da haben Sie ja auch nichts gesagt.
  ➤ Ja, das stimmt. Und das war offensichtlich ein Fehler. Ich hatte eigentlich von Ihnen erwartet, dass Ihnen das von selbst auffällt und Sie sich wieder an die regulären Pausenzeiten halten. Diesen Fehler korrigiere ich gerade.
- Meine Leistung stimmt doch. Darauf sollte es doch ankommen!
  ➤ Darauf kommt es natürlich an. Neben der Leistung ist es mir aber auch wichtig, dass unsere vereinbarten Spielregeln eingehalten werden. Und dazu gehören die Pausenzeiten. Darüber sprechen wir heute.
- Dann werde ich jetzt auch noch dafür bestraft, dass ich schnell und gut arbeite?
  ➤ Das fände ich schade, wenn Sie das so sehen, denn ich weiß Ihre Arbeit sehr zu schätzen. Es ist allerdings so, dass es Pausenzeiten gibt, die für alle gleich gelten. Da will ich keine Ausnahme machen.
- Wird hier jetzt jeder Schritt mit der Stoppuhr kontrolliert?
  ➤ Natürlich sähe ich es auch deutlich lieber, Sie würden selbst auf die Einhaltung der Pausenzeiten achten. Denn darum geht es: dass wir uns alle an die vereinbarten Spielregeln halten. Solange Sie das nicht selbst tun, sehe ich mich allerdings in der Tat dazu gezwungen, Ihre Pausenzeiten stärker zu kontrollieren.
- Ich bin ja nicht die Einzige, die ihre Pausen überzieht. Da müssen Sie auch mit den anderen sprechen. Der Herr Meier ...
  ➤ Seien Sie versichert, dass ich das tun werde, wenn ich das für notwendig halte. Jetzt sprechen wir allerdings über Ihr Verhalten.
- Wir sind doch hier nicht auf einer Galeere!
  ➤ Das stimmt. Wir sind hier bei ... (Unternehmensname). Und hier gelten für alle verbindliche Regeln.

Nächste Schritte

Auch wenn es lästig ist: Das Verhalten des Mitarbeiters sollte in den Wochen nach dem Gespräch genauer beobachtet und gegebenenfalls protokolliert werden. Hat sich bis zum Folgegespräch nichts oder nicht viel gebessert, ist es Zeit für weiter reichende Konsequenzen. Auch kurze Rückmeldungen, wie Sie das Verhalten des Mitarbeiters in der Zwischenzeit erleben, können hilfreich sein.

Tipp: IT-Werkzeug für Zeiterfassung & Work-Life-Balance

Diskussionen über Arbeitszeiten, Fehlstunden oder überzogene Pausen kann man durch eine elektronische Zeiterfassung aus dem Weg gehen. Dabei geht es nicht darum, Mitarbeiter auf Schritt und Tritt zu überwachen, sondern vielmehr um die Möglichkeit der aktiven Arbeitszeitgestaltung auf Mitarbeiterseite sowie um Transparenz und Reporting-Möglichkeiten auf Arbeitgeberseite.

Mit der Softwarelösung **Sage HR Time** haben Sie die Möglichkeit, jedem Mitarbeiter einmalig definierte Arbeitszeitmodelle und individuelle Pausenregelungen zuzuordnen. Der Mitarbeiter hat jederzeit Einsicht in seine Zeitkonten und kann seine Arbeitszeit unter den definierten Rahmenbedingungen selbst gestalten. Durch diesen aktiven Einbezug finden Mitarbeiter besser die Balance zwischen Arbeit und Privatleben (Work-Life-Balance) und sind so motivierter und zufriedener.

Mithilfe integrierter zeit- und kriterienbezogener Auswertungen hat die Führungskraft jederzeit den gewünschten Überblick. Individuell erstellbare Reports gewährleisten die notwendige Transparenz und bilden eine fundierte Grundlage für notwendige Kritikgespräche.

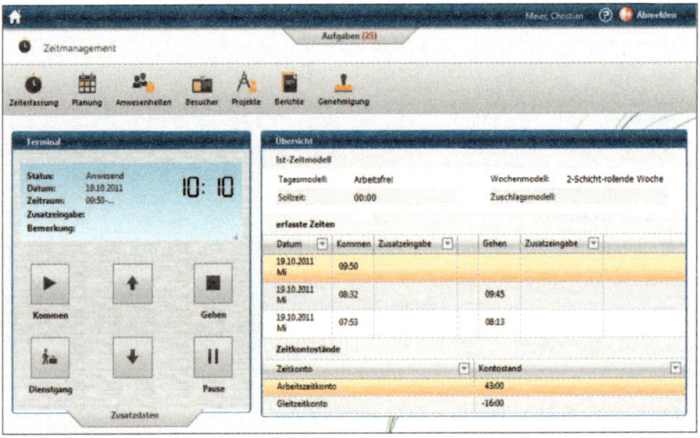

Screen: Zeiterfassung und Übersicht am Web-Terminal

4 Mitarbeitergespräche im Personallebenszyklus

Nach den Basis-Gesprächen, die Sie im vorherigen Kapitel kennengelernt haben, geht es in diesem Kapitel um Mitarbeitergespräche, die sich am formalen Personallebenszyklus orientieren, also nur einmalig, punktuell oder periodisch in größeren zeitlichen Abständen stattfinden. Dazu gehören die folgenden Gesprächsarten:

- Onboarding-Gespräch,
- Probezeitgespräch,
- Jahresgespräch mit Leistungsbeurteilung und Zielvereinbarung,
- Gehaltsgespräch,
- Motivationsgespräch,
- Trennungsgespräch,
- Austrittsgespräch.

Weil sich bei der Durchführung dieser Mitarbeitergespräche nicht so schnell Routine einstellt, ist gute Vorbereitung besonders wichtig. Von der Gesprächsqualität hängt gerade bei Gesprächen, die nur einmal am Beginn und am Ende des Personallebenszyklus stattfinden, viel ab. So kann das Onboarding-Gespräch mit darüber entscheiden, wie gut sich der neue Mitarbeiter ins Unternehmen integriert und wie erfolgreich er sein wird. Trennungs- und Austrittsgespräche haben großen Einfluss auf die Stimmung im Unternehmen und das Image, das die scheidenden Mitarbeiter vom Unternehmen im Kopf behalten und anderen weitervermitteln.

Auch die zwischen diesen beiden Punkten liegenden Mitarbeitergespräche sind erfolgsentscheidend und sollten entsprechend ernst genommen und professionell geführt werden. Letztlich geht es immer darum, einen bestimmten Anlass wie beispielsweise das Jahresgespräch dafür zu nutzen, die strategischen Weichen der Zusammenarbeit richtig zu stellen. In diesem Sinne kommt den hier vorgestellten Gesprächsarten eine Leuchtturmfunktion im jeweiligen Karriereabschnitt des Mitarbeiters zu.

4.1 Onboarding-Gespräch

»Und jedem Anfang wohnt ein Zauber inne«, sagt Hermann Hesse. Um diese Anfangsenergie für einen gelungenen Start des Mitarbeiters im Unternehmen optimal zu nutzen, ist das Onboarding-Gespräch konzipiert. Es ist das erste verbindliche Gespräch zwischen Führungskraft und Mitarbeiter in dieser Rollenverteilung. Und es bietet die einmalige Gelegenheit, mit dem neuen Mitarbeiter in der Gewissheit der anstehenden Zusammenarbeit zu sprechen, und zwar befreit von der unterschwellig vorhandenen Anspannung im Vorstellungsgespräch und noch ohne den Druck des späteren Tagesgeschäfts.

Das Ziel des Onboarding-Gesprächs liegt zunächst im Aufbau der sogenannten Beziehungsebene und damit der Basis der künftigen Zusammenarbeit. Darüber hinaus ist es notwendig, erste Ziele zu setzen und Orientierung zu vermitteln, was den Mitarbeiter in seiner neuen Aufgabe und mit seiner neuen Führungskraft erwartet. Insgesamt ist das Onboarding-Gespräch also ein ebenso effizientes wie effektives Steuerungsinstrument, um dem Mitarbeiter und der gemeinsamen Zusammenarbeit den bestmöglichen Start zu verschaffen.

Zeitpunkt, Frequenz und Dauer

Das Onboarding-Gespräch, der Name sagt es ja schon, sollte zügig nach dem An-Bord-Gehen des neuen Mitarbeiters stattfinden, am besten noch am selben Tag. Denn ist der neue Mitarbeiter schon einige Zeit dabei, bekommt das Gespräch mit jedem Tag mehr den Charakter eines Probezeitgesprächs (siehe Kapitel 4.2), in dem sich der Fokus zunehmend in Richtung Bewertung verschiebt. Sollte das Onboarding-Gespräch nicht in den ersten zwei bis drei Tagen nach Einstieg des Mitarbeiters stattfinden können, kann man alternativ überlegen, es sogar vor dem eigentlichen Start zu terminieren, um die Leichtigkeit und Unbefangenheit der Gesprächsatmosphäre nicht zu beeinträchtigen.

Da es einerseits um das gegenseitige Kennenlernen und den Aufbau von Vertrauen geht, andererseits um eine Fülle an Organisatorischem, ist es empfehlenswert, sich für das Onboarding-Gespräch mindestens eine Stunde Zeit zu nehmen, nach Möglichkeit mehr, beispielsweise auch bei einem gemeinsamen Mittagessen. Das Onboarding-Gespräch ist übrigens eines der wenigen Mitarbeitergespräche, in denen die Führungskraft wahrscheinlich den höheren Redeanteil hat.

Fragen zur Gesprächsvorbereitung

- Aus welchen Gründen haben Sie den Mitarbeiter eingestellt?
- Welche seiner Eigenschaften und Fähigkeiten schätzen Sie bisher besonders?
- Haben Sie eventuell irgendwelche Fragezeichen in Bezug auf den neuen Mitarbeiter?
- Welche Informationen wollen Sie Ihrem neuen Mitarbeiter mit auf den Weg geben, beispielsweise aktuelle Projekte und Entwicklungen, Spielregeln, Standards, Gepflogenheiten, Rahmenbedingungen?
- Welche Erwartungen haben Sie in Bezug auf den neuen Mitarbeiter und die Aufgabe?
- Welches sind kurzfristige Ziele, an deren Erreichen der Mitarbeiter zügig arbeiten sollte? Was zeichnet diese Aufgaben aus?
- Wie ist die Einarbeitung organisiert, zum Beispiel durch IT, Team und Kollegen, abteilungsintern oder -übergreifend?
- Welche weiteren Personen sollte der Mitarbeiter in den nächsten Tagen unbedingt kennenlernen? Wer organisiert das?
- Wie stellen Sie sich die Zusammenarbeit mit Ihrem neuen Mitarbeiter vor, beispielsweise Regelkommunikation, Berichtsform und -intervalle?
- Wann soll das erste Probezeitgespräch mit dem neuen Mitarbeiter stattfinden?

Gesprächsverlauf

Das Onboarding-Gespräch hat zwar eine Reihe fester Bestandteile (siehe oben), deren Reihenfolge ist jedoch nicht strikt festgelegt. So wird es sich in manchen Situationen anbieten, mit ein wenig Small Talk und Persönlichem zu starten, beispielsweise, wenn schon eine gewisse Vertrautheit besteht. In anderen Konstellationen ist es vielleicht geschickter, sich über die Sachthemen an die persönlichen Themen heranzuarbeiten.

Navigationsfragen

- Was gibt es seit unserem letzten Gespräch Neues bei Ihnen?
- Wie war der Abschluss Ihrer vorherigen Position?
- Sind alle vertraglichen, administrativen, praktischen Angelegenheiten mit uns zufriedenstellend geregelt?
- Wie war der erste Tag, wie waren die ersten Tage bei uns bisher für Sie?

- Wie gefällt Ihnen Ihr Büro?
- Mit welchen Gedanken gehen Sie an den Start?
- Worauf freuen Sie sich bei der neuen Aufgabe am meisten?
- Wen haben Sie schon im Unternehmen kennengelernt?
- Wie ist Ihr erster Eindruck von Ihrem Team?
- Welche Fragen haben Sie?

Kernaussagen

- Ich freue mich, dass Sie an Bord sind. Herzlich willkommen!
- Ein Ziel dieses Gesprächs ist, dass wir uns besser kennenlernen. Darüber hinaus möchte ich Ihnen für die ersten Tage und Wochen weitere Informationen zur Aufgabe und zur Einarbeitung geben. Und natürlich haben wir Zeit für Ihre Fragen und Ideen.
- In der ersten Zeit ist es mir besonders wichtig, dass Sie gut im Unternehmen Fuß fassen und Ihre Ansprechpartner und Ihr Team kennenlernen. Inhaltlich könnten Sie sich neben der Einarbeitung in Ihre Themen schon einmal um A (kleinere Aufgabe) kümmern.
- Mittelfristig liegt mein Fokus insbesondere auf den Themen B und C (wichtige Themen). Darüber sollten wir bei unserem Zielvereinbarungsgespräch detailliert reden.
- Ich freue mich auf unsere Zusammenarbeit und wünsche uns gemeinsam viel Erfolg.

Kommunikationsklippen

Haben Sie den neuen Mitarbeiter mit Bedacht und Sorgfalt ausgewählt und sind seitdem keine größeren Veränderungen an der Aufgabe oder den Rahmenbedingungen eingetreten, sollten im Onboarding-Gespräch eigentlich keine Überraschungen auftauchen. Für den Fall, dass dies doch geschieht, ist es ratsam, sich zunächst einen guten Überblick über die neue Lage zu verschaffen. Ab und zu kommt es beispielsweise vor, dass die Stelle oder Abteilung des neuen Mitarbeiters zwischenzeitlich in den Fokus eines Restrukturierungsprogramms gekommen ist. Oder die Interessenlage des Mitarbeiters hat sich geändert und er beurteilt die Aufgabe nun anders als im Vorstellungsgespräch. Treten in größerem Umfang Diskrepanzen zum bisherigen Informationsstand der Beteiligten auf, sollte dies auf alle Fälle klar und so früh wie möglich angesprochen werden. In einem solchen Fall kann es sinnvoll sein, das Onboarding-Gespräch zu vertagen.

4.2 Probezeitgespräch

Ähnlich wie im Onboarding-Gespräch liegt ein Fokus des Probezeitgesprächs auf dem Aufbau und der Vertiefung der Beziehung zum neuen Mitarbeiter. Gerade während der ersten Monate der Zusammenarbeit ist es wichtig, diese immer wieder einmal gemeinsam zu thematisieren, um ein belastbares Fundament für die weitere Zusammenarbeit zu schaffen und möglichen Fehlentwicklungen vorzubeugen. Ebenso sollte im Probezeitgespräch ein fundierter Abgleich der gegenseitigen Erwartungen und Wünsche erfolgen, und zwar über das Tagesgeschäft hinaus. Stichwort: erste Zwischenbilanz.

Damit sich der Mitarbeiter angemessen auf das Gespräch vorbereiten kann, ist es empfehlenswert, ihm vorab eine thematische Agenda mit den zwei bis drei wesentlichen Punkten zukommen zu lassen.

Zeitpunkt, Frequenz und Dauer

Wenn alles zur beiderseitigen Zufriedenheit läuft, sollte das erste Probezeitgespräch nach vier bis sechs Wochen stattfinden; je ein weiteres dann nach ca. drei und sechs Monaten. Wenn Ihnen jedoch Unstimmigkeiten oder Probleme auffallen, sind ein früheres erstes Probezeitgespräch oder enger getaktete Gespräche angezeigt. Für das Probezeitgespräch ist eine Zeitdauer von etwa einer Stunde angemessen.

Fragen zur Gesprächsvorbereitung

- Was würden Sie einem unbeteiligten Dritten, beispielsweise einem Bekannten oder Ihrem Coach, über den neuen Mitarbeiter berichten?
- In welchen Punkten erfüllt der Mitarbeiter Ihre Erwartungen?
- In welchen Punkten hat er Ihre Erwartungen noch nicht erfüllt? In welchen Punkten hat er Ihre Erwartungen übertroffen?
- Welche Rückmeldung haben Sie bisher von anderen zu seiner Person bekommen?
- Auf einer Skala von 1 bis 10, wie zufrieden sind Sie mit seiner Leistung?
- Auf einer Skala von 1 bis 10, wie gut hat er sich in seinem Bereich und im Unternehmen schon integriert? Wo sehen Sie die Gründe hierfür?

- Auch wenn Sie mit der Leistung des Mitarbeiters rundum zufrieden sein sollten, wo sehen Sie noch Ansatzpunkte für den Mitarbeiter, sich weiterzuentwickeln?
- Wie zufrieden sind Sie mit Ihrer Beziehung zum neuen Mitarbeiter, beispielsweise in punkto persönliche Chemie, Vertrauen, Offenheit, Kommunikation etc.?
- Wie würde umgekehrt Ihr Mitarbeiter diese Frage wohl beantworten?
- Was könnten Sie gegebenenfalls tun, um die Beziehung von Ihrer Seite zu verbessern?

Navigationsfragen

- Inwiefern decken sich Ihre Erfahrungen der ersten Wochen und Monate mit Ihren Erwartungen? Wo sind die Übereinstimmungen am größten, wo die Diskrepanzen?
- Wie erleben Sie unsere Zusammenarbeit?
- Wie würden Sie das Miteinander im Unternehmen charakterisieren?
- Wie wohl fühlen Sie sich bei uns?
- Bekommen Sie bei Ihrer Einarbeitung genügend Unterstützung?
- Wie kommen Sie mit Ihren ersten Aufgaben voran?
- Auf einer Skala von 1 bis 10, wie herausfordernd erleben Sie Ihre Aufgaben?
- Was läuft gut und wo läuft es eventuell noch nicht rund? Wie könnte es besser laufen? Was brauchen Sie dazu?
- An welchen Aufgaben haben Sie besondere Freude? Wie ist es mit den übrigen Aufgaben?
- Welche Fragen haben Sie?

Kommunikationsklippen

Die größte Hürde bei Probezeitgesprächen besteht darin, dass sie unter Umständen gar nicht stattfinden oder nicht ernst genommen werden. Wie bei den Einzelgesprächen hört man diesbezüglich oft Ausreden wie die folgende: »Wir sprechen doch sowieso jeden Tag miteinander und sitzen noch dazu im Großraumbüro, da kriegt man schon viel mit.« Dass es beim Probezeitgespräch jedoch um viel mehr geht als das Alltagsgeschäft, machen bereits die Vorbereitungs- und Navigationsfragen deutlich.

Auch werden Probezeitgespräche mitunter zu undifferenziert, mit »breitem Pinsel« und in nur wenigen Schattierungen geführt. Nach dem Motto: »Alles prima. Wir sind sehr zufrieden mit Ihnen.« Das mag zutreffen, aber gerade in einem solchen Fall erwartet ein exzellenter Mitarbeiter ein differenziertes Feedback zu seinen Erfolgen und Stärken. Er sucht wahrscheinlich nach Möglichkeiten, sich zu verbessern, ebenso wie nach neuen, anspruchsvollen Aufgaben.

Im Übrigen ist es unwahrscheinlich, dass wirklich immer alles nur zum Besten bestellt ist. In diesem Fall hätten Sie für die Position möglicherweise einen zu guten Mitarbeiter ausgewählt, der sich schnell langweilen würde.

4.3 Jahresgespräch mit Leistungsbeurteilung und Zielvereinbarung

Von Kritik- und Konfliktgesprächen einmal abgesehen, gibt es wohl keine Gesprächsart, die von so vielen Führungskräften vor sich hergeschoben wird, wie das jährliche Beurteilungs- und Zielvereinbarungsgespräch mit den eigenen Mitarbeitern. Die Gründe dafür sind nachvollziehbar:

- Oft ist das Jahresgespräch der einzige Anlass, bei dem die Leistung des Mitarbeiters systematisch beurteilt wird. Diese Bewertung rückblickend, präzise und nachvollziehbar für ein ganzes Jahr vorzunehmen, ist schwer möglich, weil man sich an viele Begebenheiten einfach nicht mehr genau erinnert.
- Mit dem Jahresgespräch geht häufig ein recht hoher administrativer Aufwand einher. Umfangreiche Beurteilungsbögen sollen ausgefüllt, Reports müssen erstellt werden. Wenn der eigentliche Sinn dahinter verloren geht, sinkt die Motivation zur Durchführung.
- Viele Beteiligte erleben die Vereinbarung von Leistungszielen als schwierig, beispielsweise weil diese sich unterjährig vermeintlich immer wieder ändern oder quantitativ auf den ersten Blick nur schwer zu fassen sind.
- Oft ist der Ausgang des Jahresgesprächs eng mit dem Thema Gehaltserhöhung verbunden, was einer unvoreingenommenen Diskussion von Leistung und Entwicklung des Mitarbeiters im Wege stehen kann.

Als Vorbereitung für gelungene Jahresgespräche ist es deshalb erforderlich, die Leistung des Mitarbeiters auch unterjährig zu beurteilen. Dazu empfiehlt es sich, in Halbjahresgesprächen Zwischenbilanz zu ziehen oder regelmäßige Feedbackgespräche zu führen und deren Ergebnisse zu dokumentieren.

Die Beteiligten sollten das Jahresgespräch als echten Dialog verstehen und nicht etwa nur als einen vorgeschriebenen Termin, zu dem irgendwelche standardisierten Bewertungsbögen ausgefüllt werden müssen. Hat man sich entsprechend vorbereitet, bietet das Jahresgespräch eine gute Gelegenheit, rückblickend und mit etwas Abstand die Leistung des Mitarbeiters zu reflektieren, zusammenzufassen und Schlüsse daraus zu ziehen, insbesondere für weitere Aufgaben, Weiterbildung und Karriereentwicklung.

Ähnlich verhält es sich bei der Zielvereinbarung. Diese sollte ein fairer Dialog über die Erwartungen, Anforderungen und gemeinsamen Möglichkeiten des kommenden Jahres sein. Auch hier ist wichtig, dass die Ergebnisse der Vereinbarung, also die Leistungsziele und Leistungsindikatoren, entsprechend dokumentiert werden.

Auf **www.sage.de/hr-wissen4** sind die sechs wichtigsten Tipps für erfolgreiche Zielvereinbarungsgespräche als Arbeitshilfe für Sie zusammengestellt.

Um das Jahresgespräch vom Thema Gehaltserhöhung zu entkoppeln, ist es ratsam, ein separates Gespräch für Gehaltsverhandlungen zu vereinbaren (siehe Kapitel 4.4).

Zeitpunkt, Frequenz und Dauer

Das Jahresgespräch findet dem Namen entsprechend einmal jährlich statt. Allerdings kann es nur dann erfolgreich verlaufen, wenn unterjährig Zwischenbilanz gezogen wird (beispielsweise in einem Halbjahresgespräch) oder regelmäßige Meilenstein- und Feedbackgespräche mit entsprechender Ergebnisdokumentation geführt werden.

Will man auch nur einen Teil der Themen aus den Navigationsfragen detailliert besprechen, sollten für das Gespräch mindestens anderthalb Stunden eingeplant werden.

Fragen zur Gesprächsvorbereitung

- Aus welchen Gründen arbeiten Sie gern mit dem Mitarbeiter zusammen?
- Wo sind vielleicht noch Wünsche oder Erwartungen offen?
- Welches waren die wesentlichen Erfolge des Mitarbeiters im vergangenen Jahr?
- Welche Stärken kamen dabei zum Tragen?
- Was lief nicht so gut?
- In welchem Bereich hat der Mitarbeiter aus Ihrer Sicht am meisten zugelegt, im Vergleich zu seiner vorherigen Leistung und im Vergleich mit seinen Kollegen?

- Angenommen, Sie könnten dem Mitarbeiter zu den nachfolgenden Kategorien nur jeweils eine Rückmeldung geben, welche wäre das?
  - Stärken
  - Mehrwert für Ihren Bereich
  - Entwicklungsmöglichkeiten
  - Entwicklungsnotwendigkeiten
  - Was Sie persönlich an ihm schätzen
  - Was Sie weniger schätzen
  - Was Sie von anderen über ihn hören
  - Zukünftig geeignete Aufgaben
  - Weiterbildungsmaßnahmen
  - Seine Position und seine Aufgabe in fünf Jahren
- Angenommen, Sie könnten Ihrem Mitarbeiters als Außenstehender, also ohne Eigeninteressen oder irgendwelche Vorbehalte, einen Rat in Sachen Karriereentwicklung geben, welcher wäre das?

Gesprächsverlauf

Ist die Jahresbilanz aus Ihrer Sicht positiv, können Sie das Gespräch getrost mit dem Thema Stärken und Erfolge aus dem Blickwinkel des Mitarbeiters starten. Die weiteren Themen ergeben sich dann meist von selbst (siehe Navigationsfragen).

Überwiegen kritische oder negative Bewertungen, beginnt die Führungskraft am besten mit ihrer Einschätzung und holt danach die Sicht des Mitarbeiters ein. Unbedingt sollte im weiteren Gesprächsverlauf aber auch auf die Stärken des Mitarbeiters eingegangen werden und wie er diese im kommenden Jahr optimal einsetzen kann.

Navigationsfragen

- Was ist aus Ihrer Sicht im letzten Jahr gut gelaufen?
- An welche Projekte, Aufgaben, Situationen denken Sie gern zurück?
- Was war – im positiven Wortsinn – eine gute Herausforderung für Sie?
- Wo haben Sie am meisten dazugelernt im letzten Jahr?
- Welches sind Ihre drei stärksten Fähigkeiten? Welche dieser Fähigkeiten haben Sie im vergangenen Jahr noch ausbauen können? Wie könnten andere im Team von diesen Stärken profitieren?
- Was ist nicht so gut gelaufen im letzten Jahr? Was würden Sie rückblickend anders machen?

- Welche Dinge fallen Ihnen nicht so leicht? Wie haben Sie diese Bereiche abfedern oder ausgleichen können?
- Wie empfinden Sie die Zusammenarbeit im Team und mit mir?
- Was sollte an der Art der Zusammenarbeit so bleiben, wie es ist? Was sollte sich verändern?
- Wie schätzen Sie die Entwicklung unseres Bereichs im letzten Jahr ein? Wo sind wir schon gut, wo können wir noch besser werden?
- Was können wir im kommenden Jahr zusammen erreichen? Wie würden Sie diese Ziele für sich priorisieren?
- Was wollen Sie für sich persönlich im nächsten Jahr erreichen?
- Welche neuen Aufgaben wären für Sie reizvoll?
- In welchen Bereichen wollen Sie im kommenden Jahr noch dazulernen?
- Welche Weiterbildungen wären für Sie interessant?
- Gibt es neue Überlegungen in Bezug auf Ihre Karriereplanung?
- Gibt es noch Themen, die Ihnen wichtig sind, die wir noch nicht besprochen haben?

Kommunikationsklippen

Das A und O des Jahresgesprächs ist eine gute Vorbereitung durch die Führungskraft und den Mitarbeiter. Gerade bei einem solch großen Thema, das mit Rückblick und Vorausschau letztlich einen Zeitraum von zwei Jahren umfasst und einen großen Einfluss auf die weitere Karriere des Mitarbeiters hat, sollten die Inhalte ausgewogen, gut bedacht und sinnvoll akzentuiert sein.

Ein typischer Fallstrick im Gespräch selbst ist ein zu hohes Aktivitätsniveau seitens der Führungskraft, beispielsweise bei der Zusammenfassung der Stärken des Mitarbeiters oder dessen Weiterbildungsmöglichkeiten. Achten Sie darauf, einen echten Dialog zu führen und keine Predigt zu halten. Nehmen Sie den Mitarbeiter in die Pflicht, sich selbst Gedanken über seine berufliche Entwicklung zu machen. Davon wird er am meisten profitieren.

Tipp: IT-Werkzeuge für motivierende Zielvereinbarungen

Zielvereinbarungen legen verbindlich die im Verlauf eines definierten Zeitrahmens zu erreichenden Arbeitsergebnisse oder Leistungen fest. Um Zielvereinbarungen systematisch und erfolgreich im Unternehmen zu implementieren, empfiehlt sich ein IT-gestützter Prozess.

So können Vorbehalte wie die Frage nach dem Aufwand der Vorbereitung, Erfassung und Auswertung schnell ausgeräumt werden. Stattdessen werden Zielvereinbarungen als motivierende Instrumente zur Mitarbeiterführung kennengelernt, die dem Unternehmen in wirtschaftlicher Hinsicht gleichzeitig deutlich positive Impulse bringen.

Mit dem **Sage HR Performance Management** erhalten Sie ein System, mit dem sich strategische und administrative Prozesse von Zielvereinbarungen in Ihr Unternehmen integrieren lassen. Über den Self-Service verfügen Mitarbeiter und Führungskräfte jederzeit über den aktuellen Stand der Zielvereinbarung und damit über eine optimale Gesprächsgrundlage für ihr Zielvereinbarungsgespräch. Mittels hinterlegter Hierarchien werden Organisationsstrukturen optimal berücksichtigt.

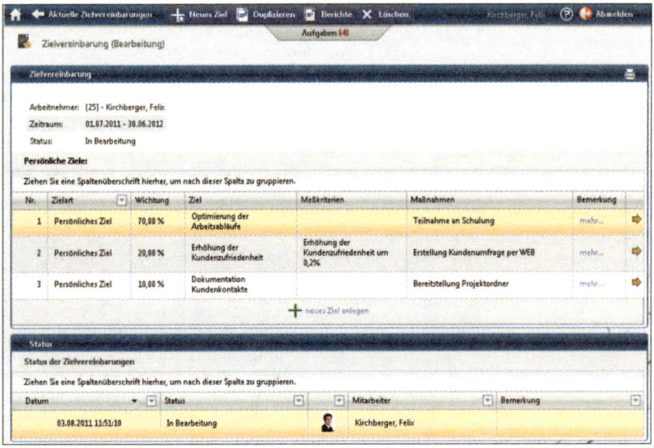

Screen: Zielvereinbarung eines Mitarbeiters im Self-Service-Portal von Sage HR

Weitere Informationen unter:
www.sage.de/hr-werkzeug4

sage

4.4 Gehaltsgespräch

Tipps und Argumente für Gehaltsverhandlungen aus Mitarbeitersicht sind in den Medien wohlfeil und in fast jeder Karriere-Rubrik präsent. Besonders im Internet finden Mitarbeiter schnell Schützenhilfe, um sich auf Gehaltsgespräche vorzubereiten. Ein Grund mehr, dies auch als Führungskraft bestmöglich zu tun.

Ein zentrales Argument, das Mitarbeitern für Gehaltsverhandlungen an die Hand gegeben wird, ist die Bezugnahme auf die eigene Leistung. Das ist aus Sicht der Führungskraft nur wünschenswert. Denn einerseits hat sich der Mitarbeiter mit der Qualität seiner Arbeit dann schon auseinandergesetzt, was für sich genommen bereits eine positive Wirkung entfaltet. Nutzt die Führungskraft das Instrument des Feedbacks regelmäßig auch unterjährig, um über die Qualität der Leistung im Gespräch zu bleiben, stehen die Chancen zudem gut, dass die Argumente des Mitarbeiters recht deckungsgleich mit denen der Führungskraft sind und keine großen Überraschungen auftauchen. Somit ist ein wichtiger Baustein etabliert, um über die Grundlage der eigentlichen Verhandlung Konsens zu erzielen.

Im nächsten Schritt gilt es, die bewertete Leistung des Mitarbeiters mit den finanziellen Spielräumen abzugleichen und dabei sowohl die Leistungsgerechtigkeit als auch den Arbeitsmarkt im Auge zu behalten. Hilfreich kann es an dieser Stelle sein, auch das ein häufiger Tipp für die Mitarbeiterseite, über das Festgehalt hinaus weitere Kompensationsmöglichkeiten wie einen Bonus, eine Incentive-Reise oder eine spezielle Weiterbildung in Betracht zu ziehen, beispielsweise wenn der Topf für die klassische Gehaltserhöhung begrenzt ist oder die Unternehmenskultur mehr Gewicht auf flexible oder nicht monetäre Vergütungselemente legt.

Nicht selten äußert sich in hohen Gehaltsforderungen oder starren Standpunkten seitens des Mitarbeiters eine diffuse Unzufriedenheit mit anderen Themen. Hier gilt es als Führungskraft, genau hinzuhören und möglicherweise »versteckte« Problembereiche herauszufinden. Denn das Gehalt an sich hat für die langfristige Zufriedenheit und Motivation bei Weitem nicht die Bedeutung, die ihm mitunter zugeschrieben wird. Vielmehr ist es ein sogenannter Hygienefaktor, der im in- und externen Vergleich bestehen können muss, um Mitarbeiter nicht des Gehalts wegen zu verlieren. Wie Studien zeigen, trägt nur bei Gehältern bis etwa 60.000 Euro p. a. eine Erhöhung auch tatsächlich zur Steigerung der individuellen Lebenszufriedenheit bei.

Zeitpunkt, Frequenz und Dauer

In der Regel finden Gehaltsverhandlungen einmal jährlich statt, oft im Umfeld der Jahres- bzw. Beurteilungsgespräche. Allerdings kann es sein, dass der Mitarbeiter die Gehaltsverhandlung zu einem anderen Zeitpunkt von sich aus initiiert, worauf es einzugehen gilt.

Sind Gehaltsverhandlungen auch unterjährig gut vorbereitet, nimmt das Gespräch etwa eine halbe Stunde in Anspruch. Für den Fall, dass es zu grundsätzlichen Diskussionen über andere Themen wie beispielsweise die Leistungsbewertung an sich kommt, empfiehlt es sich, diese zunächst unabhängig vom Gehalt zu klären.

Fragen zur Gesprächsvorbereitung

- Hat sich das Aufgabengebiet oder der Verantwortungsrahmen des Mitarbeiters im letzten Jahr ausgeweitet?
- Hat der Mitarbeiter eine deutliche Leistungssteigerung erzielt (in quantitativer oder qualitativer Hinsicht)?
- Welche besonders guten oder herausragenden Leistungen hat der Mitarbeiter im Betrachtungszeitraum erbracht?
- In welchem Umfang hat der Mitarbeiter zum Gesamtergebnis des Teams beigetragen?
- An welchen Punkten hat der Mitarbeiter einen außergewöhnlich hohen Einsatz gezeigt?
- Für den Fall, dass die Leistung nicht ausreicht: Welche Leistungssteigerung müsste der Mitarbeiter konkret erbringen, damit Sie eine Gehaltserhöhung oder andere Form der Kompensation in Betracht ziehen?
- Wie hat sich das Gehalt des Mitarbeiters im Zeitverlauf entwickelt?
- Wie ist die Vergütung des Mitarbeiters relativ zu der seiner Kollegen einzuordnen?
- Welches Gehalt würde der Mitarbeiter wahrscheinlich bei Wettbewerbern realisieren können?
- Wie beurteilen Sie die Gehaltsstruktur in Ihrem Bereich generell? Sind Sie im Marktvergleich gut aufgestellt?
- Welche anderen Aspekte außer dem Grundgehalt sind für den Mitarbeiter in Ihrem Unternehmen attraktiv (z. B. Nebenleistungen, Boni, Karrieremöglichkeiten, Weiterbildung, Unternehmenskultur, Standort)?

- Wollen Sie auch weiterhin mit dem Mitarbeiter zusammenarbeiten?
- Was sind Sie bereit und in der Lage, für die Leistung des Mitarbeiters zu bezahlen?
- Wollen Sie das Gehalt dauerhaft erhöhen oder bevorzugen Sie flexible Zahlungen wie einen Bonus?
- Welche anderen Möglichkeiten als das Grundgehalt eignen sich dazu, die Leistung des Mitarbeiters anzuerkennen?

Gesprächsverlauf

Eine positive Botschaft für den Mitarbeiter ist schnell verkündet. Doch mit einer nur kurz und knapp kommunizierten Gehaltserhöhung verstreicht die Gelegenheit, mit dem Mitarbeiter über seine gute Leistung ins Gespräch zu kommen und ihn für die weitere Zusammenarbeit zu motivieren. Deshalb bietet es sich für die Führungskraft an, dem Mitarbeiter gegenüber auch persönliche Wertschätzung zum Ausdruck zu bringen, die Gründe für die Gehaltserhöhung herauszustellen und gemeinsam einen Ausblick auf anstehende Aufgaben und Entwicklungen zu wagen.

Insbesondere bei nicht so positiven Entscheidungen wie beispielsweise einer Nullrunde stellt die Führungskraft ihren Verhandlungsstandpunkt möglichst früh im Gespräch klar, verbunden mit dessen Begründung. Je eher die Katze in diesem Fall aus dem Sack ist, desto besser. Motivierend kann es für den Mitarbeiter sein, wenn der Fokus des Gesprächs recht zügig auf mögliche zukünftige Entwicklungen und die damit verbundenen Erwartungen gelenkt wird; am besten mit einem konkreten Fahrplan, beispielsweise der erneuten Gehaltsüberprüfung nach einem halben Jahr.

Kernaussagen

- Aufgrund Ihrer sehr guten Leistungen und Ihres großen Engagements biete ich Ihnen gern eine Gehaltserhöhung von X % an. Besonders herausstellen möchte Ihre Leistung im Fall A und B. Das hat mir richtig gut gefallen.
- Der Rahmen für eine klassische Gehaltserhöhung ist in diesem Jahr nicht sehr groß, sodass wir Ihnen nur einen Inflationsausgleich anbieten können. Als Anerkennung für Ihre sehr gute Arbeit biete ich Ihnen darüber hinaus gern einen einmaligen Bonus von 5.000 Euro an.
- Eine Gehaltserhöhung ist in diesem Jahr nicht möglich. Lassen Sie uns aber gemeinsam überlegen, wie wir Ihre gute Leistung stattdessen anerkennen.

- Wir haben ja schon mehrfach darüber gesprochen, dass und warum ich mit Ihren Leistungen nicht ganz zufrieden bin. Deshalb habe ich mich entschieden, Ihr Gehalt in diesem Jahr nicht zu erhöhen.
- In den beiden Punkten A und B erwarte ich von Ihnen eine deutliche Leistungssteigerung, wenn Sie eine Gehaltserhöhung bekommen möchten.
- Unabhängig vom Gehalt sage ich Danke für Ihre gute Leistung. Ich bin froh, dass Sie an Bord sind, und freue mich auf unsere weitere Zusammenarbeit.

Navigationsfragen
- Welches sind Ihre Argumente für eine Gehaltserhöhung?
- Wo hat sich Ihre Leistung dauerhaft so verbessert, dass eine Gehaltserhöhung angemessen wäre?
- Muss es unbedingt eine Gehaltserhöhung sein? Wie wäre es stattdessen mit einem Bonus?
- Was wäre, da wir Ihr Gehalt nicht erhöhen können, stattdessen eine passende Anerkennung Ihrer Leistung?
- Wie zufrieden sind Sie generell mit Ihrer Aufgabe und Ihrer Entwicklung in unserem Unternehmen?

Einwandbehandlung
- Ich habe mich im letzten Jahr wirklich ins Zeug gelegt und jetzt nur 2 % Gehaltserhöhung, das finde ich nicht fair.
  ➤ Ich finde auch, dass Sie sich sehr engagiert haben, darüber haben wir ja auch schon gesprochen. Als Gehaltserhöhung kann ich Ihnen nicht mehr anbieten. Aber lassen Sie uns überlegen, was unabhängig davon ein passende Anerkennung für Sie wäre; ich habe schon einmal an die Weiterbildung gedacht, die Sie gern machen möchten.
- Ich habe schon drei Jahre keine Gehaltserhöhung mehr bekommen.
  ➤ Das stimmt und ist darauf zurückzuführen, dass Ihr Aufgabengebiet gleich geblieben ist und dass ich keine wesentliche Leistungssteigerung festgestellt habe. Deshalb kann ich Ihnen in diesem Jahr nur den üblichen Inflationsausgleich zusagen / keine Gehaltserhöhung anbieten. Lassen Sie uns aber gern darüber sprechen, was Sie tun können, um eine Gehaltserhöhung / einen Bonus zu erreichen.

- Ich bekomme öfter Anrufe von Personalberatern und bei dieser Entwicklung werde ich mir deren Angebote vielleicht doch einmal anhören.
  ➤ Das ist generell eine gute Idee, denke ich. Allerdings ist das nicht die Art und Weise, wie ich Gehaltsgespräche führe. Wenn Sie mit unserem Angebot nicht zufrieden sind, lassen Sie uns darüber sprechen, was Sie sich vorstellen und was von unserer Seite möglich ist.

Kommunikationsklippen

Wie in allen Verhandlungen ist es auch bei Gehaltsverhandlungen wichtig, neben seiner Verhandlungsposition vor allem die eigene Argumentation gut zu kennen. Deshalb ist es ratsam, sich die wesentlichen Argumente vor dem Gespräch aufzuschreiben und im Gespräch dabei zu bleiben, beispielsweise die Leistung des Mitarbeiters. Dabei stellt sich die Führungskraft als verantwortlicher Akteur dar und vermeidet ein Abwälzen von schlechten Botschaften auf andere oder die Umstände (Ich würde ja gern, aber ...). Solche Verweise auf Nebenschauplätze verwässern die Argumentation und sorgen nicht für die nötige Klarheit.

4.5 Motivationsgespräch

In diesem Kapitel geht es darum, angemessen auf mangelndes Engagement seitens des Mitarbeiters zu reagieren, die Gründe für seine (vorübergehend) niedrige Einsatzbereitschaft zu identifizieren und den Weg wieder frei zu machen für Eigenmotivation, Spielfreude und Leistungswillen.

Zeitpunkt, Frequenz und Dauer

Allzu lange sollte man dem motivatorischen Dümpeln des Mitarbeiters nicht tatenlos zusehen. Schon deshalb, weil sich derweil die eigenen negativen Gedanken verselbstständigen und übermäßig viel Raum einnehmen können. Außerdem ist es ungleich schwieriger, eine einmal erlahmte Aktivität wieder in Bewegung zu versetzen. Wie bei den meisten kritischen Themen gilt auch hier: »Wehret den Anfängen.« Auf alle Fälle sollte ein Motivationsgespräch geführt werden, bevor es zu schärferen Maßnahmen und Sanktionen wie Abmahnungen kommt.

Im Motivationsgespräch sind detektivischer Spürsinn und Feingefühl gefragt. Der Mitarbeiter soll ja etwas von sich preisgeben, das er selbst vielleicht noch gar nicht so genau benennen kann und das mitunter über rein aufgabenbezogene Aspekte deutlich hinausgeht. Deshalb ist ein einstündiger Termin durchaus angemessen.

Fragen zur Gesprächsvorbereitung

- Woran genau machen Sie die geringe Motivation des Mitarbeiters fest? Wie äußert sich diese im Arbeitsalltag?
- Ist die Motivation gleichbleibend niedrig oder schwankt sie? Unter welchen Umständen ist sie höher?
- Haben Sie eine Vermutung, welche Gründe hinter der niedrigen Motivation stecken könnten?
- Wie ausgeprägt ist die Motivation des Mitarbeiters im Vergleich zu der seiner Kollegen?
- Wann haben Sie die niedrige Motivation zunächst bemerkt?
- Woran würden Sie eine höhere Motivation bemerken?
- Was macht der Mitarbeiter trotz der geringen Motivation gut?
- Wie würden Sie Ihre Beziehung zum Mitarbeiter beschreiben, beispielsweise vertraut, distanziert, von Wertschätzung geprägt, funktional ...?

- Wie ist generell die Stimmung in Ihrem Bereich und im Unternehmen?
- Wie ist der Mitarbeiter ins Team eingebunden?
- Wann haben Sie das letzte längere Gespräch (mehr als 30 Minuten) mit dem Mitarbeiter geführt? Worum ging es da?
- Wie lange liegt das letzte Lob oder positive Feedback zurück?
- Wie deutlich haben Sie unerwünschtes Verhalten oder unzureichende Ergebnisse schon angesprochen? Wie konsequent haben Sie eine Verbesserung eingefordert?
- Arbeitet der Mitarbeiter an Aufgaben, die ihm liegen?
- Ist der Mitarbeiter vielleicht über- oder unterfordert (quantitativ oder qualitativ betrachtet)?
- Wann hat der Mitarbeiter zuletzt an einer neuen Aufgabe gearbeitet oder an einer Weiterbildung teilgenommen?
- Gibt es im privaten Umfeld des Mitarbeiter belastende Ereignisse oder größere Veränderungen?

Eine ganze Reihe der oben genannten Vorbereitungsfragen zielt auf die Führungsleistung des Vorgesetzten. Denn ein wesentlicher Grund für niedrige Motivation auf Mitarbeiterseite können Versäumnisse in der Führung sein. Sollte Ihnen bei den entsprechenden Fragen eigenes Optimierungspotenzial auffallen, kann es zunächst eine gute Idee sein, das eigene Verhalten kritisch zu hinterfragen, bevor Sie das Gespräch mit dem Mitarbeiter suchen.

Gesprächsverlauf

Zu Beginn des Motivationsgesprächs ist es empfehlenswert, zunächst mit den eigenen konkreten Beobachtungen und offenen Fragen zu arbeiten. Sollte das noch nicht zielführend sein, können Navigationsfragen zu bestimmten Themenbereichen in das Gespräch eingebaut werden. Die Führungskraft sollte sich um eine interessiert-neutrale Haltung im Gespräch bemühen und auf Bewertungen oder Verurteilungen zunächst verzichten.

Navigationsfragen

- Mir ist aufgefallen, dass Sie seit einiger Zeit nicht mehr mit dem Engagement bei der Sache sind, das ich von Ihnen kenne. Was ist denn los?
- Sie wirken auf mich seit einiger Zeit eher zurückhaltend und ungewöhnlich ruhig. Ist etwas passiert?

- Gibt es darüber hinaus noch mehr Dinge, die Sie im Moment beschäftigen?
- Hat sich in letzter Zeit für Sie im Unternehmen etwas verändert? Oder ist etwas nicht eingetreten, dass Sie sich gewünscht hätten?
- Was macht Ihnen dennoch Freude an Ihrer Arbeit?
- Wie wohl fühlen Sie sich im Team?
- Wie zufrieden sind Sie mit Ihrem Aufgabengebiet?
- Wie empfinden Sie Menge und Schwierigkeit Ihrer Aufgaben?
- Was sollte sich aus Ihrer Sicht ändern?
- Welche Aufgaben würden Ihnen besser liegen?
- In welchen Bereichen würden Sie gern etwas dazulernen?
- Gibt es Dinge, die Sie sich von mir mehr, weniger oder anders wünschen?
- Gibt es private Dinge, die Sie belasten, auch wenn Sie vielleicht nicht darüber sprechen wollen, welche das sind?

Kernaussagen

- Mir ist aufgefallen, dass Sie Aufgaben jetzt öfter mit Verspätung und einer ganzen Reihe von Flüchtigkeitsfehlern erledigen. Das kenne ich so nicht von Ihnen. Auch an den letzten zwei Meetings haben Sie nicht teilgenommen. Und mein Gefühl ist, dass Sie nicht mehr so offen wie früher auf die Kollegen zugehen.
- Ich schätze Ihre Arbeit sehr und mir ist es wichtig, dass Sie wieder mit dem Engagement, das ich von Ihnen kenne, dabei sind.
- Ich würde mich freuen, wenn Sie wieder mehr von sich aus auf mich zukommen, Ihre Ideen einbringen und die Dinge konstruktiv in Frage stellen. Das hat mir früher immer sehr gut gefallen.
- Die beiden Punkte A und B nehme ich gern auf, das finde ich eine gute Idee. Sie bekommen dazu bis nächste Woche eine Rückmeldung von mir. Was C angeht, kann ich Ihnen im Moment nichts versprechen. Lassen Sie uns in einem halben Jahr noch einmal darüber reden.
- Danke für Ihre Offenheit. Ich denke, das ist eine gute Basis, um weiter im Gespräch zu bleiben.
- Unsere Vorstellungen über Ihre Aufgaben liegen doch recht weit auseinander, ist mein Eindruck. Lassen Sie uns beide noch einmal darüber nachdenken und nächste Woche einen weiteren Gesprächstermin vereinbaren.

Einwandbehandlung

- Ja, das kann schon sein, aber das geht auch wieder vorbei.
  ➤ Das hoffe ich auch. Aber vielleicht können wir ja gemeinsam etwas dafür tun? Hat es denn etwas mit Ihrer Arbeit hier zu tun? Gibt es irgendetwas, das Sie unzufrieden sein lässt?
- Ja, das hat aber nichts mit der Arbeit zu tun.
  ➤ Dann will ich auch gar nicht weiter insistieren. Aber es wäre hilfreich für mich, damit ich Ihr Verhalten entsprechend einordnen kann, wenn Sie mir einfach kurz signalisieren, dass Sie etwas beschäftigt und Sie mit Ihren Gedanken vorübergehend nicht ganz bei der Arbeit sind. Und wenn Sie möchten, können wir natürlich auch gern darüber sprechen.
- Ich weiß gar nicht, was Sie meinen, ich mache meine Arbeit doch gut.
  ➤ Ja, das stimmt. Mir ist nur aufgefallen, dass Sie seit einigen Wochen nicht mehr mit so viel Begeisterung dabei sind und in Meetings nicht mehr mitdiskutieren. Und es kommen auch weniger neue Ideen von Ihnen. Das wollte ich zumindest einmal ansprechen. Vielleicht können wir daran ja etwas ändern?

Kommunikationsklippen

Der Gesprächsverlauf wird stark von der Beziehung geprägt sein, die Sie zu Ihrem Mitarbeiter haben. Sollte die Beziehung eher distanziert oder gar angespannt sein, ist es auf alle Fälle eine gute Idee, das Gespräch nicht zu überfrachten. Nehmen Sie lieber einen zweiten Anlauf, wenn Sie merken, dass der Mitarbeiter wenig offen ist: »Ich habe das Gefühl, dass wir heute nicht so richtig ins Gespräch kommen. Lassen Sie uns doch für nächste Woche einen neuen Termin vereinbaren.«

Helfen kann außerdem eine Einleitung wie die folgende, um dem Mitarbeiter zu signalisieren, dass Sie die eher distanzierte und angespannte Beziehung durchaus bemerkt haben: »Wir haben ja schon länger kein persönliches Gespräch mehr geführt, und bisher dachte ich auch, das wäre in Ordnung. / Das Klima zwischen uns war ja in den vergangenen Wochen etwas angespannt, aber ich dachte, das renkt sich wieder ein. Doch jetzt ist mir aufgefallen, dass Sie nicht mehr mit dem Engagement bei der Sache sind, das ich von Ihnen kenne. Deshalb möchte ich gern dieses Gespräch mit Ihnen führen.«

Nächste Schritte

Weil Motivation ein schwer greifbares Thema ist, ist es wichtig, konkrete Vereinbarungen zu treffen. Dokumentieren Sie die Gesprächsergebnisse und setzen Sie Folgetermine zur Überprüfung an. Wenn auch nach mehreren Folgegesprächen keine Verbesserung eintritt, ist es an der Zeit, über entsprechende Konsequenzen nachzudenken.

4.6 Trennungsgespräch

Trennungsgespräche werden in der Regel ungern geführt, von Mitarbeitern, aber auch von Führungskräften. Doch Trennungen gehören zum Berufsalltag. Und ist die Entscheidung erst einmal getroffen, führt kein Weg am Trennungsgespräch vorbei. Damit dieses im Sinne einer konstruktiven Trennungskultur erfolgreich verläuft, gilt es eine Reihe von Punkten zu beachten.

Auf **www.sage.de/hr-wissen5** finden Sie dazu eine Checkliste mit den wichtigsten Voraussetzungen für einen professionellen und fairen Trennungsprozess.

Da ein Arbeitsplatzverlust fast immer einen deutlichen Einschnitt in die Karriereplanung des Mitarbeiters bedeutet und es dabei oft genug auch um existenzielle Fragen geht, ist als oberstes Gebot die Fairness zu beachten. Das heißt, klar, offen und zügig mit dem betroffenen Mitarbeiter zu sprechen. Andeutungen, Verbrämungen, ein Aufweichen oder Verharmlosen der Situation sind hier nicht angebracht und erschweren den Trennungsprozess. Ebenso ist es ein Zeichen von Fairness und Professionalität, dass die Führungskraft das Trennungsgespräch persönlich führt und nicht etwa auf die Personalabteilung abwälzt oder Fakten für sich sprechen lässt, beispielsweise eine gesperrte Schlüsselkarte. In Summe profitieren von einer fairen Trennung alle Beteiligten: das Unternehmen, die verbleibenden Mitarbeiter, die Führungskraft und natürlich der betroffene Mitarbeiter selbst.

Zeitpunkt, Frequenz und Dauer

Trennungsgespräche sollten zügig nach einer getroffenen Entscheidung geführt werden, damit die Führungskraft den Prozess steuert und nicht etwa der Flurfunk oder die Gerüchteküche schneller sind. Die Kernbotschaft eines Trennungsgesprächs ist schnell vermittelt und sollte auch nicht diskutiert werden. Allerdings ist ein Zeitpuffer sinnvoll, um Fragen des Mitarbeiters beantworten zu können, oder für den Fall, dass der Mitarbeiter sehr emotional reagiert und Sie ihn auffangen müssen. Eine Gesprächsdauer von einer halben Stunde ist deshalb empfehlenswert. Ein Folgetermin sollte dem Mitarbeiter nach Bedarf kurzfristig angeboten werden.

Fragen zur Gesprächsvorbereitung

Bei Trennungsgesprächen ist eine sehr sorgfältige Vorbereitung ein absolutes Muss. Die folgenden Fragen unterstützen Sie dabei:

- Ist Ihre Entscheidung, sich von dem Mitarbeiter zu trennen, unumstößlich?
- Aus welchen Gründen trennen Sie sich von dem Mitarbeiter?
- Welche Gründe dürfen Sie dem Mitarbeiter kommunizieren?
- Inwiefern stehen Sie persönlich hinter der Entscheidung?
- Haben Sie die Rahmenbedingungen und Abläufe der Trennung aus Unternehmenssicht schriftlich für den Mitarbeiter vorbereitet (Fristen, Freistellung, Zeugnis, Abfindung ...)?
- Wie könnte der Mitarbeiter reagieren? Sollte das so eintreffen, wie wollen Sie damit umgehen?
- Gibt es besondere (private) Rahmenbedingungen beim Mitarbeiter, die die Situation für ihn zusätzlich erschweren und auf die Sie gezielt eingehen wollen?
- Welche Unterstützung können Sie dem Mitarbeiter anbieten, beispielsweise eine Outplacement-Beratung oder weitere Gespräche?

Gesprächsverlauf

Das Trennungsgespräch folgt einer klaren Struktur und besteht im Wesentlichen aus vier Teilen, nämlich aus:

- der Trennungsbotschaft (siehe Kernaussagen), die gleich zu Beginn des Gesprächs ausgesprochen werden sollte,
- der Begründung der Trennungsentscheidung,
- der Erläuterung der Rahmenbedingungen und der nächsten Schritte aus Sicht des Arbeitgebers (mündlich und schriftlich) und
- dem Eingehen auf die Reaktionen des Mitarbeiters (siehe Kommunikationsklippen).

Im Trennungsgespräch ist es unerlässlich, dass der entscheidende Satz »Wir trennen uns von Ihnen« auch tatsächlich ausgesprochen wird, um keine Missverständnisse entstehen zu lassen und dem Mitarbeiter keine falschen Hoffnungen zu machen. Die Entscheidung sollte sachlich, fundiert und präzise begründet werden. Eine inhaltliche Diskussion der Entscheidung, auch wenn diese aller Wahrscheinlichkeit nach nicht auf Verständnis stößt, ist hingegen nicht angezeigt.

Kernaussagen

- Ich habe mich / wir haben uns entschieden, das Arbeitsverhältnis mit Ihnen zu beenden.
- Ich habe heute keine gute Nachricht für Sie: Wir haben uns entschieden, Ihren Arbeitsvertrag zu beenden.
- Im Rahmen des aktuellen Personalabbaus sind auch Sie betroffen. Ihre Stelle entfällt und wir müssen uns von Ihnen trennen.
- Ihr Arbeitsverhältnis mit uns endet zum ... (Datum).
- Diese Gründe waren für unsere Entscheidung maßgeblich: ... (Gründe nennen).

Einwandbehandlung

Es kommt zwar seltener vor als befürchtet, aber unter Umständen versuchen betroffene Mitarbeiter über die Trennung respektive Kündigung zu diskutieren. Nachfolgend einige Formulierungen, die Ihnen helfen können, eine solche Diskussion sachlich und professionell zu beenden:

- Warum gerade ich? Das finde ich ungerecht.

  ➤ Das tut mir leid, denn wir haben die Gründe für unsere Entscheidung sorgfältig abgewägt. Ich erläutere Ihnen die Gründe gern noch einmal, aber wir stehen zu unserer Entscheidung.
- Das verstehe ich nicht, darüber würde ich gern noch einmal sprechen.

  ➤ Wir können gern noch einmal über die Gründe sprechen, die uns zu der Trennung von Ihnen veranlasst haben. Allerdings steht unsere Entscheidung fest.
- Das akzeptiere ich so nicht, ich gehe zum Betriebsrat/Anwalt.

  ➤ Ja, wenn Sie nicht einverstanden sind, ist es eine gute Idee, die Entscheidung von einem Anwalt prüfen zu lassen.

  ➤ Der Betriebsrat war in diese Entscheidung eingebunden. Frau Meier ist die beste Ansprechpartnerin für Sie, sie kennt die Details.

Kommunikationsklippen

Am Anfang eines Trennungsgesprächs wird oft zu viel Zeit mit einleitendem Small Talk (Wie geht es Ihnen?) oder gar positivem Feedback (Wir schätzen Sie) verbracht. Darauf sollte man verzichten und zügig zur Sache kommen.

Die Versuchung ist groß, sich als Führungskraft für die Entscheidung rechtfertigen oder entschuldigen zu wollen. Das hilft dem gekündigten Mitarbeiter jedoch nicht und ändert auch nichts an der

Sachlage. Vielmehr erschwert es die Situation zusätzlich, weil der klare Standpunkt verloren geht und sich der Mitarbeiter zusätzlich Gedanken machen muss, wie er mit dem schlechten Gewissen der Führungskraft umgehen soll. Es kann deshalb hilfreich sein, sich die relevanten Sätze vor dem Gespräch zu Übungszwecken zu notieren und im Gespräch selbst konsequent dabei zu bleiben.

Ein Unsicherheitsfaktor im Trennungsgespräch ist für viele Führungskräfte die Reaktion des Mitarbeiters. Meist sind die Befürchtungen hinsichtlich einer emotionalen Reaktion des gekündigten Mitarbeiters allerdings stärker, als die Reaktion selbst ausfällt. Denn in vielen Fällen wird das Trennungsgespräch nicht ganz und gar überraschend für den Mitarbeiter kommen. Sei es, weil es im Vorfeld Unstimmigkeiten, Kritikgespräche oder Abmahnungen gegeben hat oder weil sich das Unternehmen von einer größeren Zahl von Mitarbeitern trennt, was sich meist schnell herumspricht. Wenn es zuvor Unstimmigkeiten gab, erleben manche Mitarbeiter den klaren Schnitt sogar als Erleichterung.

Kommt es tatsächlich zu herausfordernden Reaktionen seitens des gekündigten Mitarbeiters, ist es wichtig, dass die Führungskraft professionell und souverän agiert:

Der Mitarbeiter schweigt.
Schweigen ist wohl diejenige Reaktion, mit der am schwersten umzugehen ist, weil man keinerlei Anhaltspunkte hat, was in dem Mitarbeiter vorgeht. Achten Sie in diesem Fall genau auf die nonverbalen Signale des Mitarbeiters und geben Sie ihm Zeit, die Nachricht zu verarbeiten. Wenn Sie ein gutes Verhältnis zueinander haben, können Sie versuchen, den Mitarbeiter durch Fragen zu öffnen (Was geht Ihnen gerade durch den Kopf?). Ein Ausblick auf die nächsten konkreten Schritte bringt Struktur und somit Gewissheit.

Der Mitarbeiter reagiert aufgelöst.
Reagiert der Mitarbeiter aufgelöst oder bricht er in Tränen aus, lassen Sie ihm Zeit, sich zu sammeln. Keinesfalls sollten Sie versuchen, die Situation zu beschönigen oder Ihre Entscheidung zur Diskussion zu stellen. Seien Sie aufmerksam und schweigen Sie, bis sich der Mitarbeiter wieder gefasst hat. Bieten Sie dann Unterstützung an, indem Sie beispielsweise die nächsten konkreten Schritte besprechen oder bei Bedarf ein zeitnahes Folgegespräch vereinbaren.

Der Mitarbeiter wird zornig.
Wird der Mitarbeiter zornig oder laut, was weit seltener vorkommt als befürchtet, geben Sie ihm Zeit, seinem Ärger Ausdruck zu verleihen. Behalten Sie einen ruhigen, verbindlichen Ton bei und lassen Sie sich nicht auf eine Diskussion ein.

Der Mitarbeiter gibt sich betont sachlich.
Die wahrscheinlichste Reaktion des Mitarbeiters ist ein beherrschtes, sachliches Eingehen auf die Kündigung, zum Beispiel durch Fragen nach dem weiteren Vorgehen oder administrativen Aspekten. Das ist für die Führungskraft auch die angenehmste Reaktion. Allerdings täuscht sie nicht selten über die wahren Gefühle des Mitarbeiters hinweg; in seinem Inneren kann es durchaus brodeln. Deshalb ist es wichtig, bei der Beantwortung seiner Fragen auch auf Zwischentöne und nonverbale Signale zu achten, gegebenenfalls einige Rückfragen zu stellen oder dem Mitarbeiter ein Folgegespräch anzubieten.

4.7 Austrittsgespräch

Wenn Mitarbeiter kündigen und das Arbeitsverhältnis auf eigene Veranlassung beenden, hat es sich in vielen Unternehmen als Standard bewährt, ein Austrittsgespräch (auch Exit Interview genannt) mit dem ausscheidenden Mitarbeiter zu führen. Ziel ist es, mehr über die konkreten Hintergründe seiner Entscheidung zu erfahren und möglichst offene Antworten zu erhalten, die für einen eventuell erforderlichen Lern- und Verbesserungsprozess im Unternehmen verwertbar sind.

Auf **www.sage.de/hr-wissen6** erhalten Sie detaillierte Informationen zur Vorbereitung und Durchführung von Austrittsgesprächen.

Für Ihre Notizen